Canon EOS 5D Mark Ⅳ
数码单反摄影技巧大全

FUN视觉 雷波 编著

U0231393

化学工业出版社

·北京·

本书是一本全面解析 Canon EOS 5D Mark Ⅳ 强大功能、实拍设置技巧及各类拍摄题材实战技法的实用类书籍，将官方手册中没讲清楚的内容以及抽象的功能描述，以实拍测试、精美照片展示、文字详解的形式讲明白、讲清楚。

在相机功能及拍摄参数设置方面，本书不仅针对 Canon EOS 5D Mark Ⅳ 相机结构、菜单功能以及光圈、快门速度、白平衡、感光度、曝光补偿、测光模式、对焦模式、拍摄模式等设置技巧进行了详细的讲解，更有详细的菜单操作图示，即使是没有任何摄影基础的初学者也能够根据这样的图示，玩转相机的菜单及功能设置。

在镜头与附件方面，本书针对数款适合该相机配套使用的高素质镜头进行了详细点评，同时对常用附件的功能、使用技巧进行了深入的解析，以便各位读者有选择地购买相关镜头、附件，与 Canon EOS 5D Mark Ⅳ 配合使用拍摄出更漂亮的照片。

在实战技术方面，本书以大量精美的实拍照片，深入剖析了使用 Canon EOS 5D Mark Ⅳ 拍摄人像、风光、动物、花卉、建筑等常见题材的技巧，以便读者快速提高摄影技能，达到较高的境界。

全书语言简洁，图示丰富、精美，即使是接触摄影时间不长的新手，也能够通过阅读本书在较短的时间内精通 Canon EOS 5D Mark Ⅳ 相机的使用并提高摄影技能，从而拍摄出令人满意的摄影作品。

图书在版编目(CIP)数据

Canon EOS 5D Mark Ⅳ 数码单反摄影技巧大全/FUN 视觉，雷波编著．
北京：化学工业出版社，2016.11（2024.11重印）
ISBN 978-7-122-28289-7

Ⅰ.①C··· Ⅱ.①F··· ②雷··· Ⅲ. 数字照相机-单镜头反光照相机-摄影技术 Ⅳ.①TB86②J41

中国版本图书馆 CIP 数据核字(2016)第 250193 号

责任编辑：孙　炜　王思慧　　　　　　　　装帧设计：王晓宇

出版发行：化学工业出版社（北京市东城区青年湖南街 13 号　邮政编码 100011）
印　　装：北京建宏印刷有限公司
787mm×1092mm　1/16　印张 15　字数 375 千字　2024 年 11 月北京第 1 版第 12 次印刷

购书咨询：010-64518888　　售后服务：010-64518899
网　　址：http://www.cip.com.cn
凡购买本书，如有缺损质量问题，本社销售中心负责调换。

定　　价：79.80 元　　　　　　　　　　　　　　　版权所有　违者必究

前　言

Canon EOS 5D Mark Ⅳ 是佳能于 2016 年 8 月 25 日发布的一款全画幅数码单反相机，是 Canon EOS 5D Mark Ⅲ 的升级，与 Canon EOS 5D Mark Ⅲ 相比，Canon EOS 5D Mark Ⅳ 配备了约 3040 万有效像素的全画幅感光元件，还拥有全新技术——全像素双核 CMOS AF 系统，以及可以后期调整解析度补偿、虚化偏移、鬼影消除的全像素双核 RAW 文件格式，常用感光度范围 ISO100~ISO32000，在像素、对焦及画质方面大幅度提升。同时也加入了时尚的主流功能，如 4K 视频、Wi-Fi、触摸屏操作等。集这些强大的功能为一体的 Canon EOS 5D Mark Ⅳ 相机，必将成为新一代准专业级全画幅数码单反相机市场的耀眼明星。

本书正是一本全面解析 Canon EOS 5D Mark Ⅳ 强大功能、实拍设置技巧及各类拍摄题材实战技法的实用类书籍，将官方手册中没讲清楚或没讲到的内容以及抽象的功能描述，通过实拍测试及精美照片示例具体、形象地展现出来。

在相机功能及拍摄参数设置方面，本书不仅针对 Canon EOS 5D Mark Ⅳ 相机的结构、菜单功能以及光圈速度、快门、白平衡、感光度、曝光补偿、测光、对焦、拍摄模式等设置技巧进行了详细的讲解，更有详细的菜单操作图示，即使是没有任何摄影基础的初学者也能够根据这样的图示，玩转相机的菜单及功能设置。

在镜头与附件方面，本书针对数款适合该相机配套使用的高素质镜头进行了详细点评，同时对常用附件的功能、使用技巧进行了深入的解析，以便各位读者有选择地购买相关镜头、附件，与 Canon EOS 5D Mark Ⅳ 配合使用拍摄出更漂亮的照片。

在实战技术方面，本书通过大量精美的实拍照片，深入剖析了使用 Canon EOS 5D Mark Ⅳ 拍摄人像、风光、动物、花卉、建筑、儿童等常见题材的技巧，以便读者快速提高摄影水平。

经验与解决方案是本书的亮点之一，本书精选了数位资深玩家总结出来的关于 Canon EOS 5D Mark Ⅳ 的使用经验及技巧，这些来自一线摄影师的经验和技巧，一定能够帮助各位读者少走弯路，让您感觉身边时刻有"高手点拨"。本书还汇总了摄影爱好者初上手使用 Canon EOS 5D Mark Ⅳ 时可能会遇到的一些问题、出现的原因及解决方法，相信能够解决许多爱好者遇到这些问题求助无门的苦恼。

为了方便及时地与笔者交流与沟通，欢迎读者朋友加入光线摄影交流 QQ 群（群 7：493812664，群 8：494474732，群 9：494765455）。关注我们的微博 http://weibo.com/leibobook 或微信公众号 FUNPHOTO，每日接收最新、最实用的摄影技巧。

本书是集体劳动的结晶，参与本书编著的还包括雷剑、吴腾飞、雷波、左福、范玉婵、刘志伟、李芳兰、石军伟、王芬、杜林、李美、邓冰峰、詹曼雪、黄正、孙美娜、刑海杰、刘小松、陈红艳、徐克沛、吴晴、李洪泽、漠然、李亚洲、佟晓旭、江海艳、董文杰、张来勤、刘星龙、边艳蕊、马俊南、姜玉双、李敏、邵琳琳、卢金凤、李静、肖辉、寿鹏程、管亮、马牧阳、杨冲、张奇、陈志新、孙雅丽、孟祥印、李倪、潘陈锡、姚天亮、车宇霞、陈秋娣、楮倩楠、王晓明、陈常兰、吴庆军、陈炎、苑丽丽等。

编　者

2016 年 9 月

Chapter 01
掌握 Canon EOS 5D Mark Ⅳ 从机身开始

Chapter 02
初上手一定要学会的菜单设置

Chapter 03
必须掌握的基本曝光设置

Chapter 04
灵活运用曝光模式拍出好照片

Chapter 05
拍出佳片必须掌握的高级曝光技巧

Chapter 06

Canon EOS 5D Mark Ⅳ实时显示与视频拍摄技巧

Chapter 07

掌握 Wi-Fi 功能设定

Chapter 08

Canon EOS 5D Mark Ⅳ的镜头选择

Chapter 09
用附件为照片增色的技巧

Chapter 10
Canon EOS 5D Mark Ⅳ人像摄影技巧

Chapter 11
Canon EOS 5D Mark Ⅳ 风光摄影技巧

Chapter 12
Canon EOS 5D Mark Ⅳ 动物摄影技巧

Chapter 13
Canon EOS 5D Mark Ⅳ 花卉摄影技巧

Chapter 14
Canon EOS 5D Mark Ⅳ 建筑摄影技巧

Chapter 01

掌握 Canon EOS 5D Mark Ⅳ
从机身开始

Canon EOS 5D Mark IV 相机
正面结构

① 遥控感应器
可以使用 RC-6 遥控器在最远 5m 处拍摄。应把遥控器的方向指向该遥控感应器，遥控感应器才能接收到遥控器发出的信号，并完成对焦和拍摄任务。RC-6 可以进行立即拍摄或 2s 延时拍摄

② 快门按钮
半按快门可以开启相机的自动对焦及测光系统，完全按下时完成拍摄。当相机处于省电状态时，轻按快门可以恢复工作状态

③ 自拍指示灯
当设置 2s 或 10s 自拍功能时，此灯会连续闪光进行提示

④ 镜头安装标志
将镜头上的红色标志与机身上的红色标志对齐，旋转镜头即可完成安装

⑤ 镜头卡口
用于安装镜头，并与镜头之间传递距离、光圈、焦距等信息

⑥ 内置麦克风
在拍摄短片时，可以通过此麦克风录制单声道音频

⑦ 手柄（电池仓）
在拍摄时，用右手持握在此处。该手柄遵循人体工程学的设计，持握非常舒适

⑧ 景深预览按钮
按下景深预览按钮，将镜头缩小到当前光圈值，此时可以通过取景器观察景深

⑨ 触点
用于相机与镜头之间传递信息。将镜头拆下后，请务必装上机身盖，以免刮伤电子触点

⑩ 反光镜
未拍摄时反光镜为落下状态；拍摄时反光镜会升起，并按照指定的曝光参数进行曝光。反光镜升起和落下时会产生一定的机震，尤其是使用 1/30s 以下的低速快门时更为明显，使用反光镜预升功能有利于避免机震

⑪ 镜头固定销
用于稳固机身与镜头之间的连接

⑫ 遥控端子
可以将快门线 RS-80N3、定时遥控器 TC-80N3 或任何装有 N3 型端子的附件连接到相机上

⑬ 镜头释放按钮
用于拆卸镜头，按下此按钮并旋转镜头的镜筒，可以把镜头从机身上取下来

Canon EOS 5D Mark Ⅳ 相机

顶部结构

① 背带环

用于安装相机背带

② 模式转盘锁释放按钮

只需按住转盘中央的模式转盘锁释放按钮，转动模式转盘即可选择拍摄模式

③ 热靴

用于外接闪光灯，热靴上的触点正好与外接闪光灯上的触点相合。也可以外接无线同步器，在有影室灯的情况下起引闪的作用

④ 白平衡选择 / 测光模式选择按钮

按下此按钮，转动速控转盘可调节白平衡；转动主拨盘可调节测光模式

⑤ 驱动模式选择按钮/自动对焦操作选择按钮

按下此按钮，转动速控转盘可调节驱动模式；转动主拨盘可调节自动对焦模式

⑥ 多功能按钮

按自动对焦点选择按钮后，再按此按钮可以选择不同的自动对焦区域选择模式；当安装了闪光灯时，按下此按钮还可以锁定闪光曝光

⑦ 主拨盘

使用主拨盘可以设置快门速度、光圈、自动对焦模式、ISO感光度等

⑧ 电源开关

控制相机的开启与关闭

⑨ 模式转盘

用于选择拍摄模式，包括场景智能自动曝光模式以及P、Tv、Av、M、B、C1、C2、C3等模式。使用时要按住模式转盘锁释放按钮，然后旋转模式转盘，使相应的模式对准右侧的小白线即可

⑩ 闪光同步触点

用于相机与闪光灯之间传递焦距、测光等信息

⑪ 屈光度调节按钮

用于调节取景器的清晰度

⑫ 液晶显示屏

显示拍摄时的各种参数

⑬ 闪光曝光补偿按钮 /ISO 感光度设置按钮

按下此按钮，转动速控转盘可调节闪光曝光补偿数值；转动主拨盘可以调节ISO感光度数值

⑭ 液晶显示屏照明按钮

按下此按钮可开启 / 关闭液晶显示屏照明功能

Canon EOS 5D Mark IV 相机

背部结构

① 扬声器

用于播放短片的声音

② 删除按钮

在回放照片模式下，按下此按钮可以删除当前照片。照片一旦被删除，将无法恢复

③ 图像回放按钮

按下此按钮可以回放刚刚拍摄的照片，还可以使用放大/缩小按钮对照片进行放大或缩小。当再次按下此按钮时，可返回拍摄状态

④ 索引/放大/缩小按钮

在回放照片时，使用此按钮可以在一定比例范围内对照片进行放大，配合主拨盘使用时，逆时针转动可以切换为索引显示，顺时针转动可以放大照片

⑤ 评分按钮

在回放照片时，按此按钮可以快速为照片进行评分

⑥ 创意图像/对比回放（两张图像显示）

在拍摄状态下，按此按钮可以启用并设置多重曝光、HDR等创意拍摄功能；在回放照片时，按此按钮可以在两张照片之间进行对比查看

⑦ 菜单按钮

用于启动相机内的菜单功能。在菜单中可以对画质、日期/时间等功能进行设置

⑧ 信息按钮

在使用取景器拍摄时，每次按下此按钮，可以分别显示相机设置、电子水准仪、速控屏幕及自定义速控屏幕界面；在回放模式、实时显示拍摄模式及短片拍摄模式下，每次按下此按钮，会依次切换信息显示

⑨ 眼罩

推眼罩的底部即可将其拆下

⑩ 取景器目镜

在拍摄时，可通过观察取景器目镜里面的景物进行取景构图

⑪ 实时显示拍摄/短片拍摄开关

将此开关设置为 ◻，可以选择实时显示拍摄，切换至 🎥 可以选择短片拍摄

⑫ 开始/停止按钮

用于开始或停止实时显示/短片拍摄状态

⑬ 自动对焦区域选择按钮

按自动对焦点选择按钮后，再按此按钮可以选择不同的自动对焦区域选择模式

① 自动对焦启动按钮

在 P、Tv、Av、M、B 曝光模式下，按下此按钮与半按快门的效果一样；在实时显示和短片拍摄模式下，可以使用此按钮进行对焦

② 自动曝光锁定按钮

在拍摄模式下，按此按钮可以锁定曝光，可以以相同曝光值拍摄多张照片

③ 自动对焦点选择按钮

在拍摄模式下，按下此按钮将在取景器中显示自动对焦点，然后按多功能控制钮来选择自动对焦点的位置

④ 多功能控制钮

多功能控制钮包含八个方向键和中间的一个按钮，使用该控制钮可以选择自动对焦点、校正白平衡、在实时显示拍摄期间移动自动对焦点或放大框、在回放期间滚动放大的图像、操作速控屏幕等；对于菜单和速控屏幕而言，只能在上下和左右方向工作

⑤ 速控按钮

按此按钮将显示速控屏幕，从而进行相关设置

⑥ 速控转盘

按一个功能按钮后，转动速控转盘，可以完成相应的设

置；直接转动速控转盘可设定曝光补偿量或在手动曝光模式下设置光圈值

⑦ 设置按钮

用于菜单功能选择的确认，类似于其他相机上的 OK 按钮

⑧ 数据处理指示灯

拍摄照片、正在将数据传输到存储卡以及正在记录、读取或删除存储卡上的数据时，该指示灯将会亮起或闪烁

⑨ 多功能锁开关

当将其推至右侧时，可以锁定主拨盘、速控转盘及多功能控制钮，以防止因其移动而改变参数设置；当推至左侧时即可解锁

⑩ 环境光照感应器

可以感应环境光照亮度，自动将液晶监视器调节为最佳观看亮度

⑪ 液晶监视器

使用液晶监视器可以设定菜单功能、使用实时显示拍摄、拍摄短片以及回放照片和短片。另外，液晶监视器是可触摸控制的，可以通过手指点击、滑动来操作

Canon EOS 5D Mark IV 相机
侧面结构

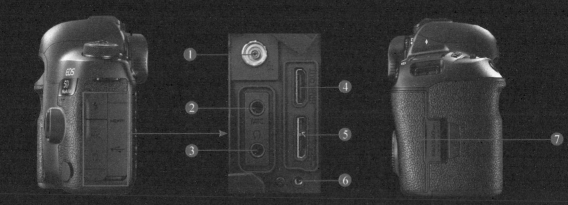

① PC端子

用于连接带有同步电缆的闪光灯，其上的丝扣可以防止连接意外断开。由于 PC 端子没有极性，因此可以连接任何同步线

② 外接麦克风输入端子

通过将带有立体声微型插头的外接麦克风连接到相机的外接麦克风输入端子，便可录制立体声

③ 耳机端子

通过将带有立体声微型插头的立体声耳机连接到相机的耳机端子，可以在短片拍摄期间听到声音

④ HDMI mini 端子

此端口用于将相机与 HD 高清晰度电视机连接在一起。但是，连接的电缆 HDMI 和 HTC-100 需要另外购买

⑤ 数码端子

用 AV 线可将相机与电脑连接起来，可以在电脑上观看图像；连接打印机可以进行打印

⑥ 连接线保护器插座

当使用连接线将相机连接到计算机或 Connect Station 时，将随附的连接线保护器插入此孔，可以防止连接线意外断开并防止端子受到损坏

⑦ 存储卡插槽盖

本相机可以同时安装 SD、CF 存储卡

Canon EOS 5D Mark IV 相机
底部结构

① 电池仓盖释放杆

用于安装和更换锂离子电池。安装电池时，应先移动电池仓盖释放杆，然后打开舱盖

② 电池仓盖

打开电池舱盖后可拆装电池

③ 脚架接孔

用于将相机固定在脚架上。可通过顺时针转动脚架快装板上的旋钮，将相机固定在脚架上

Canon EOS 5D Mark IV 相机
液晶显示屏

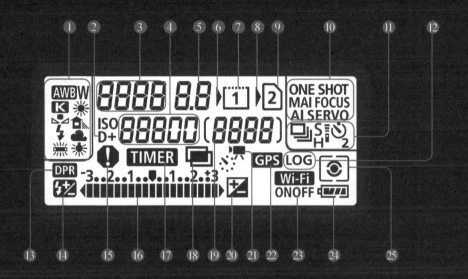

① 白平衡	⑭ 闪光曝光补偿
② 高光色调优先	⑮ 警告符号
③ 快门速度	⑯ 曝光量指示标尺
④ ISO 感光度	⑰ B 门定时器拍摄 /
⑤ 光圈值	间隔定时器拍摄
⑥ CF 卡选择图标	⑱ 多重曝光拍摄
⑦ CF 卡标志	⑲ 可拍摄数量
⑧ SD 卡选择图标	⑳ 曝光补偿
⑨ SD 卡标志	㉑ 延时短片拍摄
⑩ 自动对焦模式	㉒ GPS 获取状态
⑪ 驱动模式	㉓ Wi-Fi 功能
⑫ 记录功能	㉔ 电池电量
⑬ 全像素双核 RAW 拍摄	㉕ 测光模式

Canon EOS 5D Mark IV 相机

光学取景器

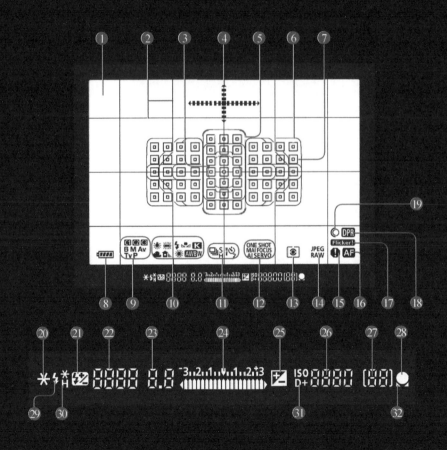

① 对焦屏　　　　　⑪ 驱动模式　　　　　㉒ 快门速度

② 网格线　　　　　⑫ 自动对焦模式　　　㉓ 光圈值

Canon EOS 5D Mark Ⅳ相机

速控屏幕

① 自动对焦模式
② 白平衡校正/白平衡包围曝光
③ 照片风格
④ 白平衡
⑤ 曝光补偿/自动包围曝光设置
⑥ 拍摄模式

⑦ 快门速度
⑧ 光圈值
⑨ 闪光曝光补偿
⑩ ISO感光度
⑪ 自定义控制按钮
⑫ 自动亮度优化

⑬ 记录功能/存储卡选择
⑭ 图像记录画质
⑮ 驱动模式
⑯ 测光模式

Chapter 02

初上手一定要学会
的菜单设置

掌握 Canon EOS 5D Mark IV 相机菜单的设置方法

Canon EOS 5D Mark IV相机的菜单功能非常丰富，熟练掌握与菜单相关的操作可以帮助我们更快速、准确地进行设置。

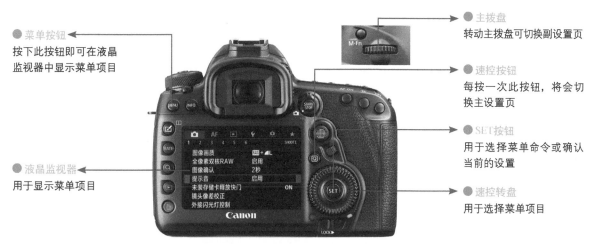

● 主拨盘
转动主拨盘可切换副设置页

● 菜单按钮
按下此按钮即可在液晶
监视器中显示菜单项目

● 速控按钮
每按一次此按钮，将会切
换主设置页

● SET按钮
用于选择菜单命令或确认
当前的设置

● 液晶监视器
用于显示菜单项目

● 速控转盘
用于选择菜单项目

Canon EOS 5D Mark IV菜单设置界面各图标的含义如下图所示。在操作时，按下⊡按钮可在各个主设置页之间进行切换，转动主拨盘🕸可以切换副设置页，也可以通过点击设置图标直接选择。

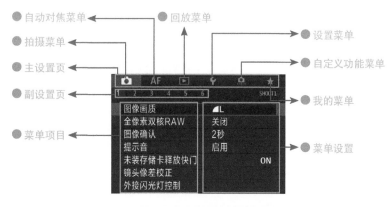

● 自动对焦菜单
● 回放菜单
● 拍摄菜单
● 设置菜单
● 主设置页
● 自定义功能菜单
● 副设置页
● 我的菜单
● 菜单项目
● 菜单设置

设定步骤

❶ 点击所需的主设置页图标，即可切换到该菜单设置页。

❷ 点击副设置页数值，即可切换到该菜单设置页，在设置界面中，点击选择所需的菜单项目。

❸ 在参数设置界面中，点击选择所需选项即可。有些设置界面还需要点击一下 SET OK 图标确定。

使用 Canon EOS 5D Mark Ⅳ 的速控屏幕设置参数

什么是速控屏幕

Canon EOS 5D Mark Ⅳ 的机身背面有一块较大的显示屏，其被称为"液晶监视器"。可以说，Canon EOS 5D Mark Ⅳ 所有的查看与设置工作，都需要通过液晶监视器来完成，如回放照片以及拍摄参数设置等。

速控屏幕就是指液晶监视器显示参数的状态，在开机的情况下，按下机身背面的回按钮即可开启速控屏幕。

▲ 按下回按钮开启速控屏幕后的液晶监视器显示状态

使用速控屏幕设置参数的方法

使用速控屏幕设置参数的方法如下。

❶ 使用多功能控制钮✷选择要设置的功能。

❷ 转动速控转盘○或主拨盘📷可以改变设置。

❸ 如果在选择一个参数后，按下SET 按钮，可以进入该参数的详细设置界面。调整参数后再按下 SET按钮即可返回上一级界面。其中，光圈、快门速度等参数是无需按照此方法设置的。

由于 Canon EOS 5D Mark Ⅳ 的液晶监视器具有触摸功能，因此上述操作均可通过手指直接单击来完成。

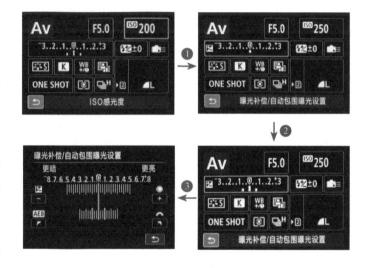

掌握液晶显示屏的使用方法

Canon EOS 5D Mark Ⅳ 的液晶显示屏（也称为肩屏）是在参数设置时不可或缺的重要部件，液晶显示屏中囊括了一些常用的参数，这已经足以满足我们进行绝大部分常用参数设置的需要，耗电量又非常低，且便于观看，强烈推荐用户使用。

通常情况下，在机身上按下相应的按钮，然后转动主拨盘📷即可调整相应的参数。

光圈、快门速度等参数，在高级拍摄模式下，直接转动主拨盘📷或速控转盘○即可进行设置，而无需按下任何按钮。

左侧的操作示意图展示了通过液晶显示屏设置 ISO 数值的操作方法。

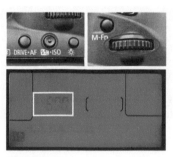

▶ 设定方法
按住ISO按钮不放，然后转动主拨盘📷即可调整感光度数值

设置相机显示参数

液晶屏的亮度

通常应将液晶监视器的明暗调整到与最后的画面效果接近的亮度，以便于查看所拍摄照片的效果，并可随时调整相机设置，从而得到曝光合适的画面。

在环境光线较暗的地方拍摄时，为了方便查看，还可以将液晶监视器的显示亮度调得低一些，不仅能够保证清晰显示照片，还能够节电。

设定步骤

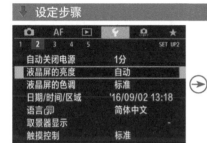 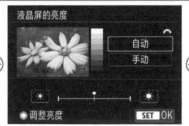 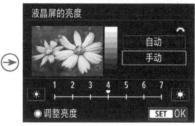

❶ 在**设置菜单2**中选择**液晶屏的亮度**选项

❷ 点击选择**自动**选项，然后点击下方的亮度图标对三个亮度级别进行微调，然后点击 SET OK 图标确定

❸ 若是在第❷步中选择**手动**选项，点击下方的亮度图标可以手动调整液晶屏的亮度，然后点击 SET OK 图标确定

● 手动：选择此选项，可以对液晶监视器的亮度进行七个亮度级别的调整。在环境光线比较复杂时可以手动调节液晶监视器的亮度，便于通过液晶监视器准确地查看照片的曝光情况。

● 自动：选择此选项，相机将会自动将液晶监视器亮度调节为最佳观看亮度，并可对三个亮度级别进行微调。

 高手点拨：液晶监视器的亮度可以根据个人喜好进行设置。为了避免曝光错误，建议不要过分依赖液晶监视器的显示，要养成查看柱状图的习惯。如果希望液晶监视器中显示的照片效果与显示器中显示的效果接近或相符，可以在相机及电脑上浏览同一张照片，然后按照视觉效果调整相机液晶监视器的亮度——当然，前提是我们要确认显示器显示的结果是正确的。

自动关闭电源

在"自动关闭电源"菜单中可以选择自动关闭电源的时间，在设置完成后，如果不操作相机，那么相机将会在设定的时间自动关闭电源，从而减小电池的电能消耗。

● 1分/2分/4分/8分/15分/30分：选择此选项，相机将会在选择的时间关闭电源。

● 关闭：选择此选项，即使在30分钟内不操作相机，相机也不会自动关闭电源。在液晶监视器被自动关闭后，按下任意按钮可唤醒相机。

设定步骤

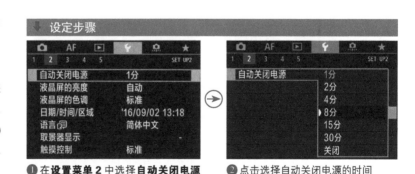

❶ 在**设置菜单2**中选择**自动关闭电源**选项

❷ 点击选择自动关闭电源的时间

高手点拨：在实际拍摄中，可以将"自动关闭电源"设置为2~4分钟，这样既可以保证抓拍的即时性，又可以最大限度地节电。

图像确认

为了方便拍摄后立即查看拍摄结果，可在"图像确认"菜单中设置拍摄后液晶监视器显示图像的时间长度。

● 关：选择此选项，拍摄完成后相机不自动显示图像。

● 持续显示：选择此选项，相机会在拍摄完成后保持图像的显示，直到自动关闭电源为止。

● 2秒/4秒/8秒：选择不同的选项，可以控制相机显示图像的时长。

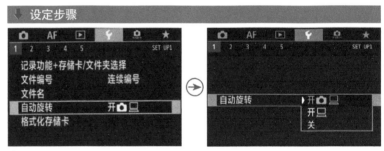

❶ 在**拍摄菜单1**中选择**图像确认**选项　　❷ 点击可以选择图像确认的时间

高手点拨：一般情况下，2秒已经足够作出曝光准确与否的判断了。当电量不足时，建议将其设置为"关"。在图像确认的时候，半按快门可以直接返回拍摄状态。

自动旋转

当使用相机竖拍时，可以使用"自动旋转"功能将显示的图像旋转到所需要的方向。

● 开🗖🖥：选择此选项，回放照片时，竖拍图像会在液晶监视器和电脑上自动旋转。

● 开🖥：选择此选项，竖拍图像仅在电脑上自动旋转。

● 关：照片不会自动旋转。

❶ 在**设置菜单1**中选择**自动旋转**选项　　❷ 点击选择是否开启自动旋转功能

▲ 竖拍时的状态

▲ 选择第一个选项后，浏览照片时竖拍照片自动旋转至竖直方向

▲ 选择第2个和第3个选项时，浏览照片时竖拍照片仍然保持拍摄时的方向

取景器显示

Canon EOS 5D Mark IV相机可以在取景器中显示网格线、电子水准仪、电池、白平衡、驱动模式、自动对焦模式、测光模式、图像画质、数码镜头优化、全像素双核RAW、闪烁检测等功能指示，以便于在使用取景器拍摄时，利用这些指示能进行更精确的构图、快速调整设定等。

虽然说在取景器中可以显示多种功能指示，但由于取景器空间较小，显示太多的功能指示有时候反而会干扰拍摄，在这种情况下摄影师可以通过"取景器显示"菜单选择隐藏功能指示选项，当需要某种功能指示时，可再次通过此菜单将其显示出来。

设定步骤

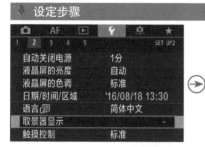
❶ 在**设置菜单2**中选择**取景器显示**选项

❷ 点击选择要修改的选项

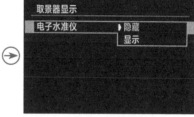
❸ 若在步骤❷中选择**电子水准仪**选项，点击可以选择**隐藏**或**显示**选项

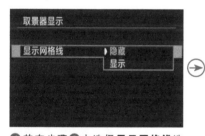
❹ 若在步骤❷中选择**显示网格线**选项，点击可以选择**隐藏**或**显示**选项

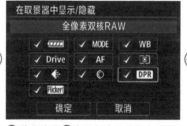
❺ 若在步骤❷中选择**在取景器中显示/隐藏**选项，点击选择要显示的选项

❻ 勾选完成后，点击选择**确定**选项

● 电子水准仪：选择此选项，可以设置在取景器中显示或隐藏电子水准仪功能。当显示电子水准仪后，可以在拍摄期间校正相机在垂直和水平方向的相机倾斜。

● 显示网格线：选择此选项，可以设置是否在取景器中显示6×4的辅助网格。

● 在取景器中显示/隐藏：选择此选项，可以设置是否在取景器中显示电池、白平衡、驱动模式、自动对焦操作、测光模式、图像画质、数码镜头优化、全像素双核RAW、闪烁检测等指示图标。

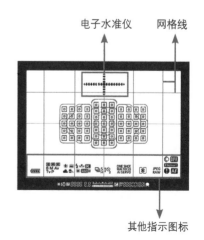

高手点拨：建议显示网格线、电池、测光模式、图像画质这几个指示图标。

取景器内❶警告

在 Canon EOS 5D Mark Ⅳ中，如果设置了一些特殊的参数，会在取景器中以明显的❶标识给出警告，以避免由于误设参数而导致拍摄结果出现问题。

在此菜单中，可以选择在设置了哪些特殊参数时取景器中会显示警告图标。

● 设置单色 时：选择此选项，当设置了单色照片风格时，显示警告图标。

● 校正白平衡时：选择此选项，当在"拍摄菜单2"中设置了白平衡偏移时，显示警告图标。

● 设置单按图像画质时：选择此选项，当在"自定义功能菜

❶ 在**自定义功能菜单3**中点击选择**取景器内❶警告**选项

❷ 点击左侧小方框添加或取消勾选标志，勾选完成后，点击选择**确定**选项

单3"的"自定义控制按钮"中为某按钮指定单按图像画质功能并按下此按钮时，显示警告图标。

● 设置 时：选择此选项，当在"拍摄菜单3"的"高ISO感光度降噪功能"菜单中选择"多张拍摄降噪"选项时，显示警告图标。

● 设置 HDR 时：选择此选项，当开启"拍摄菜单3"中的"HDR模式"时，显示警告图标。

▲ 在拍摄过程中，可能会偶尔使用到 HDR 功能，而在拍摄完成后，有时会忘记将这些设置还原至初始状态，通过在此菜单中设置好选项，这样当改变设置时，取景器中就会出现警告符号给予提示『焦距：18mm ┊光圈：F10 ┊快门速度：1s ┊感光度：ISO100』

设置相机控制参数

清除全部相机设置

利用"清除全部相机设置"功能可以一次性清除所有设定的自定义功能，而将它恢复到出厂时的默认设置状态，免去了逐一清除的麻烦。

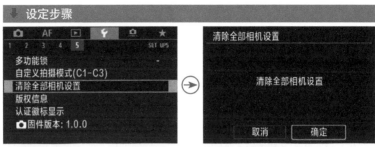

❶ 在**设置菜单5**中点击选择**清除全部相机设置**选项

❷ 点击选择**确定**选项即可

未装存储卡释放快门

如果忘记为相机装存储卡，无论你多么用心拍摄，终将一张照片也留不下来，白白浪费时间和精力。利用"未装存储卡释放快门"菜单可防止未安装储存卡而进行拍摄的情况出现。

 高手点拨：为了避免操作失误而导致错失拍摄良机，建议将该选项设置为"关闭"。

❶ 在**拍摄菜单1**中选择**未装存储卡释放快门**选项

❷ 点击选择**启用**或**关闭**选项，然后点击 SET OK 图标确定

● 启用：选择此选项，未安装存储卡时仍然可以按下快门，但照片无法被存储。
● 关闭：选择此选项，如果未安装储存卡时按下快门，则会在肩屏及取景器中显示"Card"，并且快门按钮无法被按下。

触摸控制

Canon EOS 5D Mark Ⅳ的液晶监视器支持触摸操作，用户可以触摸屏幕来拍摄照片、设置菜单、回放照片等操作。

在"触摸控制"菜单中，用户可以选择触摸屏的灵敏度，如果想让相机迅速反应，那么可以选择"灵敏"选项，反之则可以选择"标准"选项。如果用户不习惯触摸的操作方式，则可以选择"关闭"选项，从而使用传统的按钮操作方式。

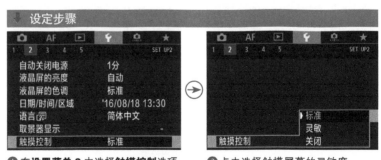

❶ 在**设置菜单2**中选择**触摸控制**选项

❷ 点击选择触摸屏幕的灵敏度

自定义速控屏幕

利用"自定义速控"功能，摄影师可以根据自己的喜好，自定义选择速控屏幕中要显示的选项及每一个选项的位置，以方便自己的拍摄操作。

支持自定义速控屏幕的项目有拍摄模式、快门速度、光圈值、ISO 感光度、曝光补偿 / 自动包围曝光设置、闪光曝光补偿、照片风格、白平衡、白平衡偏移 / 包围曝光、自动亮度优化、自动对焦模式、自动对焦点选择、测光模式、驱动模式、外接闪光灯控制、高光色调优先、取景器网格线、长时间曝光降噪功能等常用功能。

设定步骤

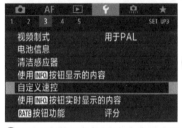  

❶ 在**设置菜单 3** 中点击选择**自定义速控**选项

❷ 点击选择**开始编辑设计**选项

❸ 显示**操作指南**界面，阅读后点击**确定**选项

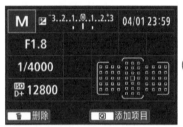  

❹ 将显示默认屏幕界面，按下 Q 按钮或点击屏幕上的 Q 图标添加项目

❺ 点击选择要添加的项目，点击屏幕上◀或▶图标可以翻页，选择完成后点击 SET OK 图标确定

❻ 当选择了可以调整图标尺寸的项目时，点击屏幕上的◀或▶图标可以选择显示的尺寸，选择完成后点击 SET OK 图标确定

 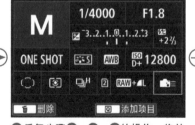 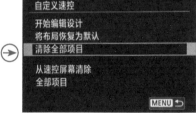

❼ 点住图标将项目（有方向箭头框）移动到所需位置，然后松开手即固定位置

❽ 重复步骤❺、❻、❼的操作，将其他项目定好位置；若要删除已定位的项目，选择该项目并点击屏幕上的血图标，注册完成后，按下 MENU 按钮退出设置

❾ 如果想要先删除所有默认显示的项目或重新编辑，应在步骤❷中选择**清除全部项目**选项，然后再选择**开始编辑设计**选项

在此菜单中自定义注册完成后，在拍摄状态下，按照下一页的操作步骤所示，按 INFO 按钮切换至自定义速控屏幕界面。当切换至自定义速控屏幕界面时，可以按照像速控屏幕一样的操作步骤，按下回按钮进入自定义速控屏幕修改设置状态。

使用 INFO 按钮显示的内容

Canon EOS 5D Mark Ⅳ为 INFO 按钮提供了 4 个设置选项，用于设置拍摄状态下按下 INFO 按钮时是否显示相机设置、电子水准仪、速控屏幕和自定义速控屏幕界面。

要注意的是，即使取消"电子水准仪"的选择，在开启"实时显示拍摄"和"短片拍摄"功能时，按下 INFO 按钮时，电子水准仪仍会出现。

设定步骤

  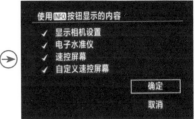

❶ 在**设置菜单 3** 中选择**使用 INFO 按钮显示的内容**选项

❷ 点击左侧的小方框添加勾选标记，选择所需选项

❸ 选择完成后，点击选择**确定**选项

●显示相机设置：选择此选项，可在液晶监视器上显示白平衡、存储卡可用空间等设置。

●显示水准仪：选择此选项，将启用相机自带的电子水准仪功能，以验证相机是否为水平状态。在 Canon EOS 5D Mark Ⅳ中，除了可以显示水平方向的倾斜外，还可以显示垂直方向的倾斜，从而帮助我们更好地验证相机是否处于水平状态。

●速控屏幕：选择此选项，将显示速控屏幕，可以在液晶监视器中进行参数设置。

●自定义速控屏幕：选择此选项，将显示摄影师在"设置菜单 3"的"自定义速控"中编辑好的速控屏幕界面。

当勾选了所有选项时，在拍摄状态下，每按一次 INFO 按钮，将依次按下面的顺序进行切换。

设定步骤

  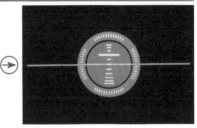

❶ 按下 INFO 按钮

❷ 显示相机设置界面

❸ 电子水准仪界面

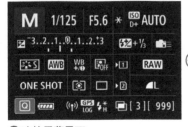 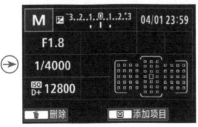

❹ 速控屏幕界面

❺ 自定义速控屏幕界面

RATE 按钮功能

Canon EOS 5D Mark IV提供了 RATE 按钮，其主要功能是在浏览照片时，对照片进行评分或保护。

● 评分：选择此选项，则在回放照片状态按下RATE按钮时，可以对照片进行评分。

● 保护：选择此选项，则在回放照片状态按下RATE按钮时，可以保护当前的照片。

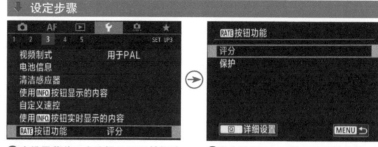

❶ 在**设置菜单3**中选择**RATE按钮功能**选项

❷点击选择 RATE 按钮执行的功能

多功能锁

为了避免在拍摄时误操作主拨盘、速控转盘或多功能控制钮，按自动对焦区域选择按钮或点击触摸屏等而意外更改相机设置，可以在此处指定要锁定的对象，然后在相机上将LOCK▶开关置于右侧，即可锁定此菜单中选定的项目。

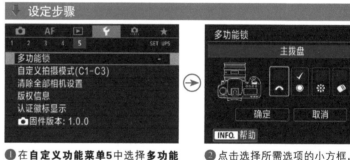

❶ 在**自定义功能菜单5**中选择**多功能锁**选项

❷ 点击选择所需选项的小方框，添加勾选标记，选择完成后点击选择**确定**选项

自定义控制按钮

Canon EOS 5D Mark IV机身上有很多按钮，并被分别赋予了不同的功能，以便于我们进行快速的设置。根据个人的不同需求，我们还可以分别为这些按钮重新指定功能。

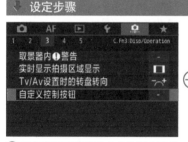
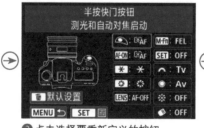

❶ 在**自定义功能菜单3**中选择**自定义控制按钮**选项

❷ 点击选择要重新定义的按钮

❸ 点击选择为该按钮分配的功能，然后点击 SET OK 图标确定

设置影像存储参数

根据照片的用途设置画质

设置合适的分辨率为后期处理做准备

在设置图像的画质之前，应先了解一下图像的分辨率。图像的分辨率越高，制作大照片的质量就越理想，在电脑后期处理时裁剪的余地就越大，同时文件所占空间也就越大。Canon EOS 5D Mark Ⅳ可拍摄图像的最大分辨率为6720×4480，相当于3010万像素，因而拍出的照片有很大的后期处理空间。

合理利用画质设定节省存储空间

在拍摄前，用户可以根据自己对画质的要求进行设定。在存储卡空间充足的情况下，最好使用最高分辨率拍摄，这样可以使拍出的照片在放得很大时也很清晰。不过使用最高分辨率也存在缺点，因为使用最高分辨率拍摄时，图像文件过大，导致照片存储的速度会减慢，所以在进行高速连拍时，最好适当地降低分辨率。

Q：什么是 RAW 格式？

A：简单地说，RAW 格式就是一种数码照片文件格式，包含了数码相机传感器未处理的图像数据，相机不会处理来自传感器的色彩分离的原始数据，仅将这些数据保存在存储卡上，这意味着相机将（所看到的）全部信息都保存在图像文件中。采用 RAW 格式拍摄时，数码相机仅保存 RAW 格式图像和 EXIF 信息（相机型号、所使用的镜头以及焦距、光圈、快门速度等）。摄影师设定的相机预设值（例如对比度、饱和度、清晰度和色调等）都不会影响所记录的图像数据。

Q：使用 RAW 格式拍摄的优点有哪些？

A：使用 RAW 格式拍摄的优点如下。

● 可将相机中的许多文件处理工作转移到计算机上进行，从而可进行更细致的处理，包括白平衡调节、高光区、阴影区和低光区调节，以及清晰度、饱和度控制。对于非 RAW 格式文件而言，由于在相机内处理图像时，已经应用了白平衡设置，这种无损改变是不可能的。

● 可以使用最原始的图像数据（直接来自于传感器），而不是经过处理的信息，这毫无疑问将获得更好的效果。

● 可利用 14 位图片文件进行高位编辑，这意味着具有更多的色调，可以使最终的照片获得更平滑的梯度和色调过渡。在 14 位模式操作时，可使用的数据更多。

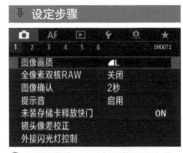

❶ 在**拍摄菜单1**中选择**图像画质**选项

❷ 点击选择所需的 RAW 格式画质选项，或者 JPEG 格式画质选项，然后点击 SET OK 图标确定

 高手点拨：在存储卡的存储空间足够大的情况下，应尽量选择RAW格式进行拍摄，因为现在大多数软件都支持RAW格式，所以不建议使用RAW+L JPEG格式，以免浪费空间。如果存储卡空间比较紧张，可以根据所拍照片的用途等来选择JPEG格式或RAW格式，如S2质量的照片适合在数码相框上播放；S3质量的照片适合于电子邮件发送或在网站上使用。

Canon EOS 5D Mark IV各种画质的格式、记录的像素量、文件大小、可拍摄数量和最大连拍数量（依据8GB CF 存储卡、ISO100、3：2 长宽比、标准照片风格的测试标准）如下表所示。

图像画质	记录的像素量	打印尺寸	文件大小（MB）	可拍摄数量	最大连拍数量			
					CF 卡		SD 卡	
					标准	高速	标准	高速
JPEG								
◢L	30M	A2	8.8	820	110	Full	130	Full
◢L			4.5	1590	Full	Full	Full	Full
◢M	13M	A3	4.7	1530	Full	Full	Full	Full
◢M			2.4	2970	Full	Full	Full	Full
◢S1	7.5M	A4	3.0	2350	Full	Full	Full	Full
◢S1			1.5	4560	Full	Full	Full	Full
S2	2.5M	9cm×13cm	1.3	5420	Full	Full	Full	Full
S3	0.3M	–	0.3	20330	Full	Full	Full	Full
RAW								
RAW	30M	A2	36.8	170	17	21	17	19
RAW：DPR	30M		66.9	90	7	7	7	7
M RAW	17M		27.7	220	23	32	23	26
S RAW	7.5M	A4	18.9	310	35	74	36	48
RAW+JPEG								
RAW+◢L	30M+30M	A2+A2	36.8+8.8	140	13	16	13	14
MRAW+◢L	17M+30M	A2+A2	27.7+8.8	170	13	17	14	15
SRAW+◢L	7.5M+30M	A4+A2	18.9+8.8	220	15	22	15	18

◀ 对于这种容易产生噪点，且色彩多变的题材，尤其建议采用RAW 格式拍摄，以便于后期进行处理『焦距：18mm ┆光圈：F11 ┆快门速度：1/5s ┆感光度：ISO100 』

全像素双核RAW

Canon EOS 5D Mark Ⅳ相机携带了一个佳能全新的图像处理技术——全像素双核 RAW 优化。

当启用"全像素双核 RAW"功能后，相机可以同时将正常影像和有视差影像的双像素数据，以及被摄体的纵深信息记录到一个 RAW 文件中，因为记录的信息更为丰富，所以与普通的 RAW 文件相比，文件大小是普通 RAW 文件的两倍。

与普通的 RAW 文件相比，全像素双核 RAW 的可调整性更高，用户结合佳能 Digital Photo Professional（简称 DPP）软件中的 Dual Pixel RAW Optimizer（全像素 RAW 优化）功能，可以很轻松地对画面进行解像感补偿、虚化偏移、鬼影消除等三大方面的精细处理。

● 解像感补偿：解像感补偿用通俗的话来说就是图像微调。由于全像素双核 RAW 文件中记录了照片的深度信息，那么只要在软件中通过微调，便可以进一步提高照片的焦点清晰度，从而得到高锐度的照片。这对于人像、鸟类、微距等对锐度要求较高的题材来说，有一定实用性。

● 虚化偏移：由于全像素双核 RAW 文件中会记录到不同视点位置和纵深信息，通过在 DPP 软件中重新设定视点，便可以水平移动散景位置。这个功能主要运用在使用大光圈虚化前景的人像照片或者微距照片中。如果摄影师觉得虚化的前景有影响到主体表现，那么就可以使用此功能来适当水平地移动前景的位置，但要注意移动的程度有限，不能寄于过高期望。

● 鬼影消除：在逆光拍摄时，经常遇到画面中出现鬼影和眩光，如果使用的是 Canon EOS 5D Mark Ⅳ的全像素双核 RAW 格式记录，然后在 DPP 软件中后期处理，便能有效地减少画面中的鬼影及眩光现象。

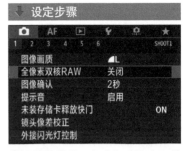

❶ 在**拍摄菜单 1** 中选择**全像素双核 RAW** 选项

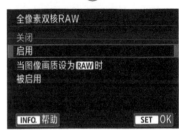

❷ 点击选择**启用**或**关闭**选项，然后点击 `SET OK` 图标确定

▲ 通过右侧处理前与处理后的放大图可以看出，在对全像素双核 RAW 格式的照片进行解析度补偿处理后，照片的锐化更好，照片的清晰度得到了提高『焦距：50mm ┆ 光圈：F2.2 ┆ 快门速度：1/320s ┆ 感光度：ISO200』

▲ 处理前

▲ 处理后

格式化存储卡

"格式化存储卡"功能用于删除储存卡内的全部数据。一般在新购买储存卡后，应事先对其进行格式化。选择"确定"选项，界面中将显示"格式化存储卡 1/2 全部数据将丢失！"的提示。格式化会将保护的照片也一并删除，因此在操作前要特别注意。

 高手点拨：对于新购买的存储卡或者其他相机、计算机使用过的存储卡，在使用前建议进行一次格式化，以免发生记录格式错误。

设定步骤

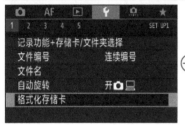

❶ 在**设置菜单 1** 中选择**格式化存储卡**选项

❷ 点击选择要格式化的存储卡图标

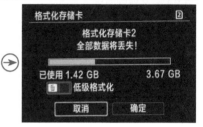

❸ 点击选择**确定**选项。如果点击了**低级格式化**选项，则可以低级格式化存储卡

文件名

此菜单用于选择所拍照片的命名规则，并可根据个人的拍摄需求来编辑和修改此命名规则。

● 文件名：在此菜单中可以选择一个选项作为所保存照片名称的命名规则。第一个选项以默认的文件夹名为前缀，而第 2 和第 3 个选项，则对应"用户设置 1"和"用户设置 2"所输入的字符。

● 更改变用户设置 1：选择此选项，可输入 4 个字符作为文件名前缀。

● 更改变用户设置 2：选择此选项，可输入 3 个字符作为文件名前缀。相机会自动添加第 4 个字符，作为当前照片大小的标志，如 M、L 或 U 等。

设定步骤

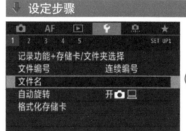

❶ 在**设置菜单1**中选择**文件名**选项

❷ 点击选择**文件名**选项

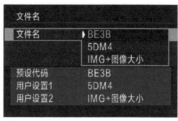

❸ 点击选择一种文件命名形式

❹ 若在步骤❷中选择了**更改用户设置1**或**更改用户设置2**选项，点击选择所需字符，输入完成后 MENU OK 图标确定

第 4 个字符与图像大小对应表			
L	▲L / ▲L / RAW	T	S2
M	▲M / ▲M / M RAW	U	S3
S	▲S1 / ▲S1 / S RAW		

设置照片拍摄风格

使用预设照片风格

根据不同的拍摄题材，可以选择相应的照片风格，从而实现更佳的画面效果。Canon EOS 5D Mark IV 包含自动、标准、人像、风光、精致细节、中性、可靠设置、单色照片风格等。

● 自动：使用此风格拍摄时，色调将自动调节为适合拍摄场景，尤其是拍摄蓝天、绿色植物以及自然界的日出和日落场景时，色彩会显得更加生动。

● 标准：此风格是最常用的照片风格，使用该风格拍摄的照片画面清晰、色彩鲜艳、明快。

● 人像：使用此风格拍摄人像时，人的皮肤会显得更加柔和、细腻。

● 风光：此风格适合拍摄风光，对画面中的蓝色和绿色有非常好的展现。

● 精致细节：此风格会将被摄体的详细轮廓和细腻纹理表现出来，颜色会略微鲜明。

● 中性：此风格适合偏爱电脑图像处理的用户，使用该风格拍摄的照片色彩较为柔和、自然。

● 可靠设置：此风格也适合偏爱电脑图像处理的用户，当在5200K色温下拍摄时，相机会根据主体的颜色调节色彩饱和度。

● 单色：使用此风格可拍摄黑白或单色的照片。

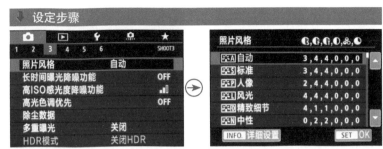

① 在**拍摄菜单3**中选择**照片风格**选项

② 点击选择不同的选项，然后点击 SET OK 图标确定

▲ 标准风格

▲ 人像风格

▲ 风光风格

▲ 中性风格

▲ 可靠设置风格

▲ 单色风格

 高手点拨：在拍摄时，如果拍摄题材常有大的变化，建议使用"标准"风格，比如在拍摄人像题材后再拍摄风光题材时，这样就不会造成风光照片不够锐利的问题，属于比较中庸和保险的选择。

修改预设的照片风格参数

在前面讲解的预设照片风格中，用户可以根据需要修改其中的参数，以满足个性化的需求。在选择某一种照片风格后，按下机身上的INFO.按钮即可进入其详细设置界面。

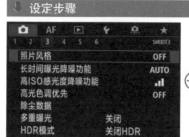

① 在**拍摄菜单3**中选择**照片风格**选项

② 点击选择要修改的照片风格，然后点击 INFO.详细设置图标

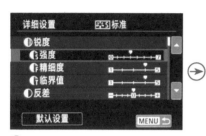

③ 点击选择要编辑的参数选项，此处以选择**强度**选项为例

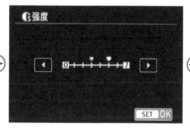

④ 进入参数的编辑状态，点击■或■图标可调整强度的数值，然后点击 SET OK 图标确认

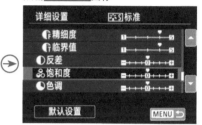

⑤ 可依次修改其他选项，设置完成后点击 MENU 图标保存已修改的参数即可

● 锐度：控制图像的锐度。在"强度"选项中，向0端靠近则降低锐化的强度，图像变得越来越模糊；向7端靠近则提高锐度，图像变得越来越清晰。在"精细度"选项中，可以设定强调轮廓的精细度，数值越小，要强调的轮廓越精细。在"临界值"选项中，根据被摄体和周围区域之间反差的差异设定强调轮廓的程度，数值越小，当反差较低时越强调轮廓，但是当数值较小时，使用高ISO感光度拍摄的画面噪点会比较明显。

▲ 设置锐化强度前（0）后（+4）的效果对比

Q：为什么要使用照片风格功能？

A：数码相机在记录图像之前会在图像感应器的信号输出中对图像的色调、亮度以及轮廓进行修正处理。使用照片风格功能，可以在拍摄前设置所需修正的照片风格。如果在拍摄照片前已经根据需要设置了合适的照片风格（例如，"人像"照片风格适合拍摄人物，"风光"照片风格适合拍摄天空和深绿色的树木等），则无需在拍摄后使用后期处理软件编辑图像，因为相机会记录所有的特性。该功能还可以防止使用后期处理软件转存图像文件时发生的图像质量下降问题。

●反差：控制图像的反差及色彩的鲜艳程度。向█端靠近则降低反差，图像变得越来越柔和；向█端靠近则提高反差，图像变得越来越明快。

▲ 设置反差前（0）后（+3）的效果对比

　●饱和度：控制色彩的鲜艳程度。向█端靠近则降低饱和度，色彩变得越来越淡；向█端靠近则提高饱和度，色彩变得越来越艳。

▲ 设置饱和度前（0）后（+3）的效果对比

　●色调：控制画面色调的偏向。向█端靠近则越偏向于红色调；向█端靠近则越偏向于黄色调。

▲ 向左增加红色调与向右增加黄色调的效果对比

直接拍出单色照片

在"单色"风格下可以选择不同的滤镜效果及色调效果，从而拍出更有特色的黑白或单色照片。

在"滤镜效果"选项中，可选择无、黄、橙、红和绿等色彩，从而在拍摄过程中，针对这些色彩进行过滤，得到更亮的灰色甚至白色。

● N 无：没有滤镜效果的原始黑白画面。

● Ye 黄：可使蓝天更自然、白云更清晰。

● Or 橙：压暗蓝天，使夕阳的效果更强烈。

● R 红：使蓝天更暗、落叶的颜色更鲜亮。

● G 绿：可将肤色和嘴唇的颜色表现得很好，树叶的颜色更加鲜亮。

在"色调效果"选项中可以选择无、褐、蓝、紫、绿等单色调效果。

● N 无：没有偏色效果的原始黑白画面。

● S 褐：画面呈现褐色，有种怀旧的感觉。

● B 蓝：画面呈现偏冷的蓝色。

● P 紫：画面呈现淡淡的紫色。

● G 绿：画面呈现偏绿色。

设定步骤

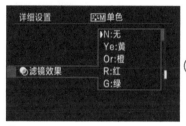

❶ 在**拍摄菜单3**中选择**照片风格**选项，然后选择**单色**照片风格选项

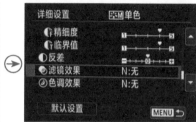

❷ 点击 INFO.详细设置 图标进入此界面，然后点击选择**滤镜效果**选项

❸ 点击选择需要过滤的色彩

❹ 选择**色调效果**选项，点击选择需要增加的色调效果

▲ 选择"单色"照片风格时拍摄的效果

▲ 设置"滤镜效果"为"绿"时拍摄的效果

▲ 选择"标准"照片风格时拍摄的效果

▲ 设置"色调效果"为"褐"时拍摄的单色照片效果

▲ 设置"色调效果"为"蓝"时拍摄的单色照片效果

注册照片风格

所谓注册照片风格，即指对 Canon EOS 5D Mark IV 相机提供的 3 个用户定义的照片风格，依据现有的预设风格进行修改，从而得到用户自己创建、编辑，能满足个性化需求的照片风格。

① 选择"用户定义 1"到"用户定义 3"中的任意一个选项。

② 按下 INFO.按钮或点击 [INFO.详细设置] 图标进入详细设置界面。

③ 在"照片风格"菜单中选择以哪个预设照片风格为基础进行自定义。

④ 分别调整"锐度""反差""饱和度"及"色调"参数，然后按下 MENU 按钮注册新的照片风格即可。

设定步骤

① 在**拍摄菜单 3** 中选择**照片风格**选项

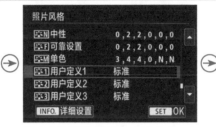

② 点击选择**用户定义 1~ 用户定义 3** 中的一个选项，然后点击 [INFO.详细设置] 图标

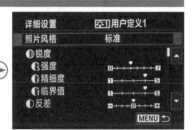

③ 点击选择**照片风格**选项，进入风格选择界面

④ 点击选择一种照片风格为基础进行自定义照片风格，然后点击 [SET OK] 图标确认

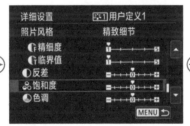

⑤ 在此界面中，点击选择要自定义修改的参数

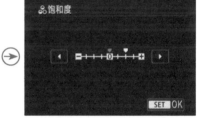

⑥ 点击 ◀ 或 ▶ 图标修改选定的参数，然后点击 [SET OK] 图标确认对该参数的修改

注册自定义照片风格后，在拍摄时就不需要再做参数调整了，直接选择该自定义照片风格即可 焦距: 20mm | 光圈: F8 | 快门速度: 1/320s | 感光度: ISO200

随拍随赏——拍摄后查看照片

回放照片基本操作

在回放照片时，我们可以进行放大、缩小、显示信息、前翻、后翻以及删除照片等多种操作，下面通过图示来说明回放照片的基本操作方法。

按下Q按钮，逆时针旋转主拨盘 可缩小照片直至显示为小的缩略图（也可以用张开的两个手指触摸屏幕，然后在屏幕上将手指合拢，以触摸的方式缩小播放照片）

按下Q按钮，顺时针旋转主拨盘 可以放大照片（也可以用合拢的两个手指触摸屏幕，然后在屏幕上将手指张开，以触摸的方式放大显示照片）

上、下、左、右按动多功能控制钮 ，可查看放大的照片局部（也可以直接用手指触摸屏幕，滑动图像查看局部）

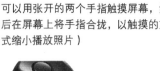

按下▷按钮，可开始浏览照片

按下 按钮，可删除当前浏览的照片

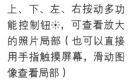

在详细信息界面中，按多功能控制钮的上、下方向键，可切换显示信息

连续按下 INFO 按钮，可以循环显示拍摄信息

速控转盘○用于选择图像

  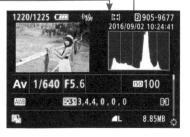

Q：出现"无法回放图像"消息怎么办？

A：在相机中回放图像时，如果出现"无法回放图像"消息，可能有以下几方面原因。

● 存储卡中的图像已导入计算机并进行了编辑处理，然后又写回了存储卡。

● 正在尝试回放非佳能相机拍摄的图像。

● 存储卡出现故障。

保护图像

对于一些特别重要的照片，可以用"保护图像"功能将其保护起来，以避免由于误操作而将其删除。

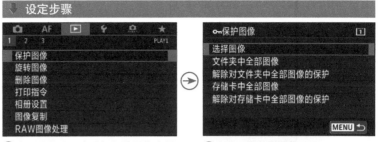

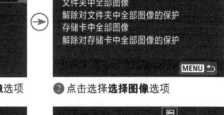

❶ 在**回放菜单 1** 中选择**保护图像**选项　　❷ 点击选择**选择图像**选项

 高手点拨：为了保护重要的照片，最好在拍摄后立即进行图片保护，以免误删。

❸ 左右扫动屏幕选择要保护的图像　　❹ 点击 SET 图标即可保护所选图像

▲ 将优秀的作品使用"保护图像"功能保护起来，这样即使按下删除按钮也不会将其删除『焦距：17mm ┊光圈：F13 ┊快门速度：4s ┊感光度：ISO100』

旋转图像

当需要浏览竖拍的照片时，可以使用"旋转图像"功能对照片进行 90°、270° 旋转。

高手点拨：如果在"设置菜单1"中选择了"自动旋转"选项，就无需对竖拍照片进行手动旋转了。

设定步骤

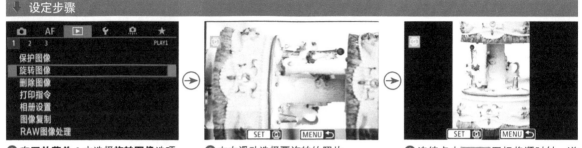

❶ 在**回放菜单 1** 中选择**旋转图像**选项

❷ 左右滑动选择要旋转的照片

❸ 连续点击 SET 图标将顺时针、逆时针旋转 90°，最后恢复原始状态

高光警告

选择"高光警告"菜单中的"启用"选项，可以帮助用户发现所拍摄照片中曝光过度的区域，如果想要表现曝光过度区域的细节，就需要适当减少曝光。

设定步骤

❶ 在**回放菜单3**中选择**高光警告**选项

❷ 点击选择**启用**选项

❸ 在回放照片时，会以黑色的闪烁色块显示出曝光过度的高光区域

◀ 在拍摄风光照片时，尤其要避免高光区域的曝光过度问题，使用"高光警告"功能可以避免出现这种情况『焦距：35mm ¦ 光圈：F10 ¦ 快门速度：1/160s ¦ 感光度：ISO100』

显示自动对焦点

在"显示自动对焦点"菜单中选择"启用"选项，则回放照片时对焦点将以红色小方框显示，这时如果发现焦点不准确可以重新拍摄。

● 启用：选择此选项，在回放照片时，照片上对焦的位置将会显示红色的对焦点。

● 关闭：选择此选项，在回放照片时，照片上不会显示对焦点。

设定步骤

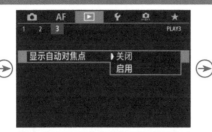

❶ 在**回放菜单3**中选择**显示自动对焦点**选项

❷ 点击选择是否在回放照片时显示对焦点

❸ 启用显示自动对焦点功能后，在回放照片时会显示红色的对焦点

▲ 在微距摄影中，由于其景深很小，对对焦的准确性有较高的要求，因此在拍摄后回放照片时，应启用"显示自动对焦点"功能，以检查对焦的位置是否正确『焦距：100mm ¦ 光圈：F6.3 ¦ 快门速度：1/400s ¦ 感光度：ISO100 』

回放网格线

Canon EOS 5D Mark IV提供了"回放网格线"功能，以便在回放照片时检查照片的构图，根据不同的情况，可以选择 3 种不同的网格线。

● 关：选择此选项，在回放照片时将不显示网格线。

● 3×3 ╫：选择此选项，将显示 3×3 的网格线。

● 6×4 ╫╫╫：选择此选项，将显示 6×4 的网格线。

● 3×3+ 对角 ╳：选择此选项，在显示 3×3 的网格线时，还会显示两条对角网格线。

设定步骤

❶ 在**回放菜单3**中选择**回放网格线**选项

❷ 点击选择不同的网格线类型

❸ 启用"回放网格线"功能后，可以在回放照片时显示网格线，以便于校正构图

用 ⚙ 进行图像跳转

通常情况下，可以使用速控转盘或多功能控制钮来跳转照片，但只支持每次跳转一个文件（照片、视频等）。如果想按照其他方式进行跳转，则可以使用主拨盘 ⚙ 并进行相关功能的设置，如每次跳转10张或100张照片，或者按照日期、文件夹来显示图像。

● ⌒↑：选择此选项并转动主拨盘，将逐个显示图像。

● ⌒10：选择此选项并转动主拨盘，将跳转 10 张图像。

● ⌒100：选择此选项并转动主拨盘，将跳转 100 张图像。

● ⌒⊙：选择此选项并转动主拨盘，将按日期显示图像。

● ⌒⊡：选择此选项并转动主拨盘，将按文件夹显示图像。

● ⌒⊞：选择此选项并转动主拨盘，将只显示短片。

● ⌒⊡：选择此选项并转动主拨盘，将只显示静止图像。

● ⌒⊶：选择此选项并转动主拨盘，将只显示受保护的图像。

● ⌒★：选择此选项并转动主拨盘，将按图像评分显示图像。

设定步骤

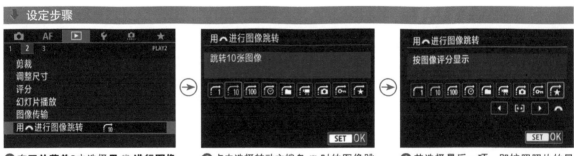

❶ 在**回放菜单2**中选择用 ⚙ **进行图像跳转**选项

❷ 点击选择转动主拨盘 ⚙ 时的图像跳转方式

❸ 若选择最后一项，即按照照片的星级进行跳转，可以点击◀或▶选择每次跳转的照片星级

RAW 图像处理

在 Canon EOS 5D Mark IV 相机中，可以用本机处理 RAW 照片的亮度、白平衡、照片风格、图像画质等设置，并存储为 JPEG 格式。但是S **RAW** 和M **RAW** 不能用本机处理，需要用随机附带的处理软件进行处理。

设定步骤

❶ 在**回放菜单 1** 中选择 **RAW 图像处理**选项

❷ 向左或向右滑动选择要处理的照片，然后点击 **SET** 图标

❸ 将显示出 RAW 处理选项，点击所需选项进入其设置界面

❹ 在设置界面中，点击选择所需要选项。当选择色温或照片风格时，还可以点击 INFO 图标进入详细设置界面

❺ 以照片风格详细设置界面为例，在此界面中可以对锐度、反差、饱和度及色调进行修改

❻ 当修改完成后，点击选择图标

❼ 点击选择**确定**选项即可保存修改过的文件

高手点拨：除了使用菜单操作外，也可以在照片处于播放状态时，按下 Q 按钮，在速控屏幕中选择 **RAW JPEG** 图标，进入RAW图像处理界面。

Chapter **03**

必须掌握的基本曝光设置

设置光圈控制曝光与景深

光圈的结构

光圈是相机镜头内部的一个组件，它由许多片金属薄片组成，金属薄片可以活动，通过改变它的开启程度可以控制进入镜头光线的多少。光圈开启越大，通光量就越多；光圈开启越小，通光量就越少。用户可以仔细对着镜头观察选择不同光圈时叶片大小的变化。

▲ 从镜头的底部可以看到镜头内部的光圈金属薄片

高手点拨：虽然光圈数值是在相机上设置的，但其可调整的范围却是由镜头决定的，即镜头支持的最大及最小光圈，就是在相机上可以设置的上限和下限。镜头支持的光圈越大，则在同一时间内就可以吸收更多的光线，从而允许我们在更弱光的环境中进行拍摄——当然，光圈越大的镜头，其价格也越贵。

 F2.8　 F5.6　 F11　 F22

▲ 光圈是控制通光量的装置，光圈越大（F2.8）通光越多，光圈越小（F22），通光越少

▲ 佳能 EF 16-35mm F2.8 L Ⅱ USM

▲ 佳能 EF 85mm F1.2 L Ⅱ USM

▲ 佳能 EF 28-300mm F3.5-5.6 L IS USM

▶设定方法

在使用 Av 挡光圈优先曝光模式拍摄时，可通过转动主拨盘 来调整光圈；在使用 M 挡全手动曝光模式拍摄时，则通过转动速控转盘 来调整光圈。

在上面展示的 3 款镜头中，佳能 EF 85mm F1.2 L Ⅱ USM 是定焦镜头，其最大光圈为 F1.2；佳能 EF 16-35mm F2.8 L Ⅱ USM 为恒定光圈的变焦镜头，无论使用哪一个焦段进行拍摄，其最大光圈都能够达到 F2.8；佳能 EF 28-300mm F3.5-5.6 L IS USM 是浮动光圈的变焦镜头，当使用镜头的广角端（28mm）拍摄时，最大光圈可以达到 F3.5，而当使用镜头的长焦端（300mm）拍摄时，最大光圈只能够达到 F5.6。

同样，上述 3 款镜头也均有最小光圈值，例如，佳能 EF 16-35mm F2.8 L Ⅱ USM 的最小光圈为 F22，佳能 EF 28-300mm F3.5-5.6 L IS USM 的最小光圈同样是一个浮动范围（F22~F38）。

Q：焦外效果跟光圈有什么必然的关系吗？

A：焦外效果跟焦段、距离、光圈都有关系，但在前两者相同的情况下，镜头的光圈叶片越多、越圆，实际拍摄后焦外的效果就越圆润、越好看。正因为如此，光圈叶片的数量与形状是评定镜头优劣的重要指标。

光圈值的表现形式

光圈值用字母 F 或 f 表示，如 F8、f8（或 F/8、f/8）。常见的光圈值有 F1.4、F2、F2.8、F4、F5.6、F8、F11、F16、F22、F32、F36 等，光圈每递进一挡，光圈口径就不断缩小，通光量也逐挡减半。例如，F5.6 光圈的进光量是 F8 的两倍。

当前我们所见到的光圈数值还包括 F1.2、F2.2、F2.5、F6.3 等，这些数值不包含在光圈正级数之内，这是因为各镜头厂商都在每级光圈之间插入了 1/2 倍（F1.2、F1.8、F2.5、F3.5 等）和 1/3 倍（F1.1、F1.2、F1.6、F1.8、F2.2、F2.5、F3.2、F3.5、F4.5、F5.0、F6.3、F7.1 等）变化的副级数光圈，以便更加精确地控制曝光程度，使画面的曝光更加准确。

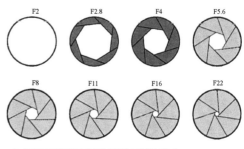

▲ 不同光圈值下镜头通光口径的变化

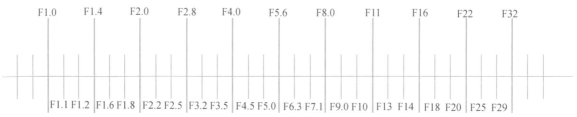

▲ 光圈级数刻度示意图，上排为光圈正级数，下排为光圈副级数

光圈对成像质量的影响

通常情况下，摄影师都会选择比镜头最大光圈稍小一至两挡的中等光圈，因为大多数镜头在中等光圈下的成像质量是最优秀的，照片的色彩和层次都有更好的表现。例如，一只最大光圈为 F2.8 的镜头，其最佳成像光圈为 F5.6 ~ F8。另外，也不能使用过小的光圈，因为过小的光圈会使光线在镜头中产生衍射效应，导致画面质量下降。

Q：什么是衍射效应？

A：衍射是指当光线穿过镜头光圈时，光在传播的过程中发生方向弯曲的现象。光线通过的孔隙越小，光的波长越长，这种现象就越明显。因此，在拍摄时光圈收得越小，在被记录的光线中衍射光所占的比例就越大，画面的细节损失就越多，画面就越不清楚。衍射效应对 APS-C 画幅数码相机和全画幅数码相机的影响程度稍有不同，通常 APS-C 画幅数码相机在光圈收小到 F11 时，就能发现衍射对画质产生了影响；而全画幅数码相机在光圈收小到 F16 时，才能够看到衍射对画质产生了影响。

▲ 使用镜头最佳光圈拍摄时，所得到的照片画质最理想『焦距：28mm ┆ 光圈：F10 ┆ 快门速度：1/100s ┆ 感光度：ISO200 』

光圈对曝光的影响

在其他参数不变的情况下，光圈增大一挡，则曝光量提高一倍，例如光圈从 F4 增大至 F2.8，即可增加一倍的曝光量；反之，光圈减小一挡，则曝光量也随之降低一半。换句话说就是，光圈开启越大，则通光量就越多，所拍摄出来的照片就越明亮；光圈开启越小，则通光量就越少，所拍摄出来的照片就越暗淡。

▲ 光圈：F1.4 快门速度：1/10s 感光度：ISO100

▲ 光圈：F1.6 快门速度：1/10s 感光度：ISO100

▲ 光圈：F1.8 快门速度：1/10s 感光度：ISO100

▲ 光圈：F2 快门速度：1/10s 感光度：ISO100

▲ 光圈：F2.2 快门速度：1/10s 感光度：ISO100

▲ 光圈：F2.5 快门速度：1/10s 感光度：ISO100

▲ 光圈：F2.8 快门速度：1/10s 感光度：ISO100

▲ 光圈：F3.2 快门速度：1/10s 感光度：ISO100

▲ 光圈：F3.5 快门速度：1/10s 感光度：ISO100

从这一组照片中可以看出，当光圈从 F1.4 逐级缩小至 F3.5 时，由于通光量逐渐降低，因此拍摄出来的照片也逐渐变暗。

理解景深

简单来说，景深即指对焦位置前后的清晰范围。清晰范围越大，即表示景深越大；反之，清晰范围越小，即表示景深越小，此时画面的虚化效果就越好。

景深的大小与光圈、焦距及被摄对象与背景之间的距离这 3 个要素密切相关。

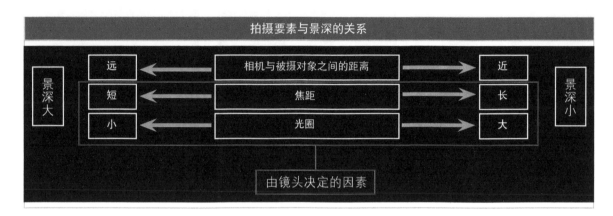

Q：景深与对焦点的位置有什么关系？

A：景深是指照片中某个景物的清晰范围。即当摄影师将镜头对焦于景物中的某个点并拍摄后，在照片中与该点处于同一平面的景物都是清晰的，而位于该点前方和后方的景物由于没有对焦，因此都是模糊的。但由于人眼不能精确地辨别焦点前方和后方出现的轻微模糊，因此这部分图像看上去仍然是清晰的，这种清晰的景物会一直在照片中向前、向后延伸，直至景物看上去变得模糊而不可接受，而这个可接受的清晰范围，就是景深。

Q：什么是焦平面？

A：如前所述，当摄影师将镜头对焦于某个点拍摄时，在照片中与该点处于同一平面的景物都是清晰的，而位于该点前方和后方的景物则都是模糊的，这个平面就是成像焦平面。如果摄影师的相机位置不变，当被摄对象在可视区域内沿焦平面水平运动时，成像始终是清晰的；但如果其向前或向后移动，则由于脱离了成像焦平面，因此会出现一定程度的模糊，模糊的程度与距焦平面的距离成正比。

▲ 对焦点在中间的财神爷玩偶上，但由于另外两个玩偶与其在同一个焦平面上，因此三个玩偶均是清晰的

▲ 对焦点仍然在中间的财神爷玩偶上，但由于另外两个玩偶与其不在同一个焦平面上，且拍摄时使用的光圈较大，因此另外两个玩偶均是模糊的

光圈对景深的影响

　　光圈是控制景深（背景虚化程度）的重要因素。即在相机焦距不变的情况下，光圈越大，景深越小；反之，光圈越小，景深就越大。在拍摄时想通过控制景深来使自己的作品更有艺术效果，就要合理使用大光圈和小光圈。

　　在包括 Canon EOS 5D Mark IV 在内的所有数码单反相机中，都有光圈优先曝光模式，配合上面的理论，通过调整光圈数值的大小，即可拍摄不同的对象或表现不同的主题。例如，大光圈主要用于人像摄影、微距摄影，通过虚化背景来突出主体；小光圈主要用于风景摄影、建筑摄影、纪实摄影等，以便使画面中的所有景物都能清晰呈现。

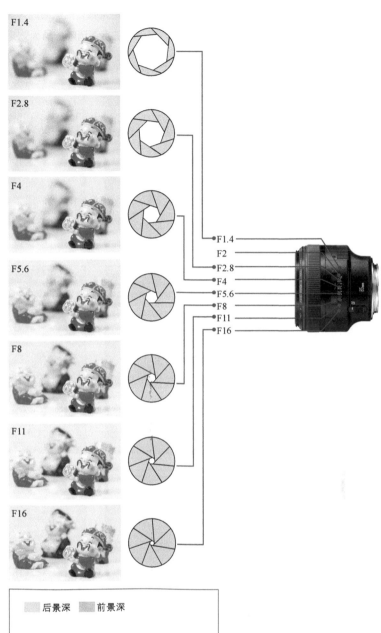

▶ 从示例图可以看出，当光圈从 F1.4 逐渐缩小到 F16 时，画面的景深逐渐变大，使用的光圈越小，画面背景处的玩偶就越清晰

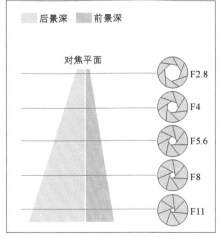

▶ 从示例图可以看出，光圈越大，前、后景深越小；光圈越小，前、后景深越大，其中，后景深又是前景深的两倍

焦距对景深的影响

在其他条件不变的情况下，拍摄时所使用的焦距越长，则画面的景深越小，即可以得到更强烈的虚化效果；反之，焦距越短，则画面的景深越大，越容易呈现前后都清晰的画面效果。

▲ 通过使用从广角到长焦的焦距拍摄的花卉对比可以看出，焦距越长，则主体越清晰，画面的景深越小

高手点拨：焦距越短，视角越广，其透视变形也越严重，而且越靠近画面边缘，变形就越严重，因此，在构图时要特别注意这一点。尤其在拍摄人像时，要尽可能将肢体置于画面的中间位置，特别是人物的面部，以免发生变形而影响美观。另外，对于定焦镜头来说，我们只能通过前后的移动来改变相对的"焦距"，即画面的取景范围，拍摄者越靠近被摄对象，就相当于使用了更长的焦距，此时同样可以得到更小的景深。

镜头与被摄对象的距离对景深的影响

在其他条件不变的情况下，拍摄者与被摄对象之间的距离越近，则越容易得到浅景深的虚化效果；反之，如果拍摄者与被摄对象之间的距离较远，则不容易得到虚化效果。

这点在使用微距镜头拍摄时体现得更为明显，当离被摄体很近的时候，画面中的清晰范围就变得非常浅。因此，在人像摄影中，为了获得较小的景深，经常采取靠近被摄者拍摄的方法。

下面为一组在所有拍摄参数都不变的情况下，只改变镜头与被摄对象之间距离时拍摄得到的照片。

▲ 镜头距离蜻蜓 100cm

▲ 镜头距离蜻蜓 80cm

▲ 镜头距离蜻蜓 70cm

▲ 镜头距离蜻蜓 40cm

通过左侧展示的一组照片可以看出，当镜头距离前景位置的蜻蜓越远时，其背景的模糊效果也越差；反之，镜头越靠近蜻蜓，则拍摄出来画面的背景虚化越明显。

背景与被摄对象的距离对景深的影响

在其他条件不变的情况下，画面中的背景与被摄对象的距离越远，则越容易得到浅景深的虚化效果；反之，如果画面中的背景与被摄对象位于同一个焦平面上，或者非常靠近，则不容易得到虚化效果。

▲ 玩偶距离背景 20cm

▲ 玩偶距离背景 10cm

▲ 玩偶距离背景 5cm

▲ 玩偶距离背景 0cm

左图所示为在所有拍摄参数都不变的情况下，只改变被摄对象与背景的距离拍摄的照片。

通过这一组照片可以看出，在镜头位置不变的情况下，玩偶距离背景越近，则其背景的虚化效果就越差。

设置快门速度控制曝光时间

快门与快门速度的含义

简单来说,快门的作用就是控制曝光时间的长短。在按动快门按钮时,从快门前帘开始移动到后帘结束所用的时间就是快门速度,这段时间实际上也就是电子感光元件的曝光时间。所以快门速度决定曝光时间的长短,快门速度越快,则曝光时间就越短,曝光量也就越少;快门速度越慢,则曝光时间就越长,曝光量也就越多。

快门速度的表示方法

快门速度以秒为单位,Canon EOS 5D Mark Ⅳ作为全画幅数码单反相机,其快门速度范围为1/8000~30s,可以满足几乎所有题材的拍摄要求。

常见的快门速度有30s、15s、8s、4s、2s、1s、1/2s、1/4s、1/8s、1/15s、1/30s、1/60s、1/125s、1/250s、1/500s、1/1000s、1/2000s、1/4000s等。

▲ Canon EOS 5D Mark Ⅳ相机的快门机构

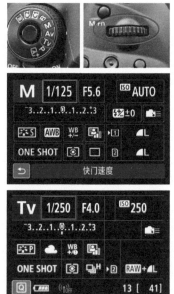

▶ 设定方法
在使用 M 挡或 Tv 挡拍摄时,直接向左或向右转动主拨盘,即可调整快门速度数值

◀ 利用高速快门将起飞的鸟儿定格住,拍摄出很有动感效果的画面『焦距:300mm ┊光圈:F8 ┊快门速度:1/640s ┊感光度:ISO320』

快门速度对曝光的影响

如前面所述，快门速度的快慢决定了曝光量的多少。具体而言，在其他条件不变的情况下，每一倍的快门速度变化，会导致一倍曝光量的变化。例如，当快门速度由 1/125s 变为 1/60s 时，由于快门速度慢了一半，曝光时间就增加了一倍，因此总的曝光量也随之增加了一倍。

▲ 光圈：F3.5　快门速度：1/40s　感光度：ISO3200

▲ 光圈：F3.5　快门速度：1/30s　感光度：ISO3200

▲ 光圈：F3.5　快门速度：1/25s　感光度：ISO3200

▲ 光圈：F3.5　快门速度：1/20s　感光度：ISO3200

▲ 光圈：F3.5　快门速度：1/15s　感光度：ISO3200

▲ 光圈：F3.5　快门速度：1/13s　感光度：ISO3200

通过这一组照片可以看出，在其他曝光参数不变的情况下，当快门速度逐渐变慢时，由于曝光时间变长，因此拍摄出来的照片也逐渐变亮。

影响快门速度的三大要素

影响快门速度的要素包括光圈、感光度及曝光补偿，它们对快门速度的影响如下。

● 感光度：感光度每增加一倍（如从 ISO100 增加到 ISO200），感光元件对光线的敏锐度就增加一倍，同时，快门速度会随之提高一倍。

● 光圈：光圈增加一挡（如从 F4 增加到 F2.8），快门速度可以提高一倍。

● 曝光补偿：曝光补偿数值每增加 1 挡，由于需要更长时间的曝光来提亮照片，因此快门速度将降低一半；反之，曝光补偿数值每降低 1 挡，由于照片的曝光时间缩短了，因此快门速度可以提高一倍。

快门速度对画面效果的影响

快门速度不仅影响进光量，还会影响画面的动感效果。表现静止的景物时，快门的快慢对画面不会有什么影响，除非摄影师在拍摄时有意摆动镜头，但在表现动态的景物时，不同的快门速度就能够营造出不一样的画面效果。

右侧照片是在焦距、感光度都不变的情况下，分别将快门速度依次调慢所拍摄的。

对比这一组照片，可以看到当快门速度较快时，水流被定格成相对清晰的影像，但当快门速度逐渐降低时，流动的水流在画面中渐渐变为模糊的效果。

由上述可见，如果希望在画面中凝固运动对象的精彩瞬间，应该使用高速快门。拍摄对象的运动速度越高，采用的快门速度也要越快，以在画面中凝固运动对象的动作，形成一种时间静止效果。

如果希望在画面中表现运动对象的动态模糊效果，可以使用低速快门，以使其在画面中形成动态模糊效果，较好地表现出动态效果，按此方法拍摄流水、夜间的车灯轨迹、风中摇摆的植物、流动的人群，均能够得到画面效果流畅、生动的照片。

▲ 光圈：F22 快门速度：1/80s 感光度：ISO50

▲ 光圈：F22 快门速度：1/8s 感光度：ISO50

▲ 光圈：F22 快门速度：1/3s 感光度：ISO50

▲ 光圈：F22 快门速度：0.8s 感光度：ISO50

▲ 光圈：F22 快门速度：1s 感光度：ISO50

▲ 光圈：F22 快门速度：1.3s 感光度：ISO50

▲ 设置高速快门定格跳起的少女『焦距：80mm ┊ 光圈：F4 ┊ 快门速度：1/500s ┊ 感光度：ISO200』

▲ 设置低速快门记录夜间车灯的轨迹『焦距：18mm ┊ 光圈：F14 ┊ 快门速度：15s ┊ 感光度：ISO100』

依据被摄对象的运动情况设置快门速度

在设置快门速度时，应综合考虑被摄对象的速度、被摄对象的运动方向以及摄影师与被摄对象之间的距离这 3 个基本要素。

被摄对象的速度

根据不同的照片表现形式，拍摄时所需要的快门速度也不尽相同，比如抓拍物体运动的瞬间，需要较高的快门速度；而如果是跟踪拍摄，对快门速度的要求就比较低了。

▲ 在睡觉的猫咪基本处于静止状态，因此无需太高的快门速度『焦距：50mm ┊ 光圈：F5.6 ┊ 快门速度：1/80s ┊ 感光度：ISO100』

▲ 嬉戏玩耍中猫咪的速度很快，因此需要较高的快门速度才能将其清晰地定格在画面中『焦距：35mm ┊ 光圈：F4 ┊ 快门速度：1/320s ┊ 感光度：ISO400』

被摄对象的运动方向

如果从运动对象的正面（通常是角度较小的斜侧面）拍摄，记录的主要是对象从小变大或相反的运动过程，其速度通常要低于从侧面拍摄；而从侧面拍摄才会感受到运动对象真正的速度，拍摄时需要的快门速度也就更高。

▲ 从侧面拍摄运动对象以表现其速度时，除了使用"陷阱对焦"方法外，通常都需要采用跟踪拍摄法进行拍摄『焦距：45mm ┊ 光圈：F5.6 ┊ 快门速度：1/640s ┊ 感光度：ISO100』

◀ 从正面或斜侧面拍摄运动对象时，速度感不强『焦距：45mm ┊ 光圈：F5.6 ┊ 快门速度：1/320s ┊ 感光度：ISO100』

与被摄对象之间的距离

无论是亲身靠近运动对象或是使用长焦镜头，离运动对象越近，其运动速度就相对越快，此时需要不停地移动相机。如果是靠近运动对象，需要较大幅度地移动相机；若使用长焦镜头，则小幅度移动相机就可保证被摄对象一直处于画面之中。

从另一个角度来说，如果将视角变得更广阔一些，就不用为了将被摄对象融入画面中而费力地紧跟被摄对象了，比如使用广角镜头拍摄时，就更容易抓拍到被摄对象运动的瞬间。

▲ 广角镜头抓拍到的现场整体气氛『焦距：28mm ┊ 光圈：F9 ┊ 快门速度：1/640s ┊ 感光度：ISO200』

▲ 长焦镜头注重表现单个主体，对瞬间的表现更加明显『焦距：280mm ┊ 光圈：F7.1 ┊ 快门速度：1/640s ┊ 感光度：ISO200』

常见拍摄对象的快门速度参考值

以下是一些常见拍摄对象所需快门速度参考值，虽然在使用时并非一定要用快门优先曝光模式，但对各类拍摄对象常用的快门速度会有一个比较全面的了解。

快门速度（s）	适用范围
B 门	适合拍摄夜景、闪电、车流等。其优点是用户可以自行控制曝光时间，缺点是如果不知道当前场景需要多长时间才能正常曝光时，容易出现曝光过度或不足的情况，此时需要用户多做尝试，直至得到满意的效果
1~30	在拍摄夕阳、日落后以及天空仅有少量微光的日出前后时，都可以使用光圈优先曝光模式或手动曝光模式进行拍摄，很多优秀的夕阳作品都诞生于这个曝光区间。使用1~5s之间的快门速度，也能够将瀑布或溪流拍摄出如同棉絮一般的梦幻效果
1~1/2	适合在昏暗的光线下，使用较小的光圈获得足够的景深，通常用于拍摄稳定的对象，如建筑、城市夜景等
1/15~1/4	1/4s的快门速度可以作为拍摄成人夜景人像时的最低快门速度。该快门速度区间也适合拍摄一些光线较强的夜景，如明亮的步行街和光线较好的室内
1/30	在使用标准镜头或广角镜头拍摄时，该快门速度可以视为最慢的快门速度，但在使用标准镜头时，对手持相机的平稳性有较高的要求
1/60	对于标准镜头而言，该快门速度可以保证进行各种场合的拍摄
1/125	这一挡快门速度非常适合在户外阳光明媚时使用，同时也能够拍摄运动幅度较小的物体，如走动中的人
1/250	适合拍摄中等运动速度的拍摄对象，如游泳运动员、跑步中的人或棒球活动等
1/500	该快门速度已经可以抓拍一些运动速度较快的对象，如行驶的汽车、跑动中的运动员、奔跑中的马等
1/1000~1/8000	该快门速度区间已经可以用于拍摄一些极速运动的对象，如赛车、飞机、足球比赛、飞鸟及瀑布飞溅出的水花等

安全快门速度

简单来说，安全快门是指人在手持拍摄时能保证画面清晰的最低快门速度。这个快门速度与镜头的焦距有很大关系，即手持相机拍摄时，快门速度应不低于焦距的倒数。

比如当前焦距为200mm，拍摄时的快门速度应不低于1/200s。这是因为人在手持相机拍摄时，即使被摄对象待在原处纹丝未动，也可能因为拍摄者本身的抖动而导致画面模糊。

▼ 虽然是拍摄静态的玩偶，但由于光线较弱，致使快门速度低于了焦距的倒数，所以拍摄出来的玩偶是比较模糊的

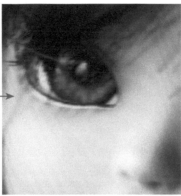

▲ 拍摄时提高了感光度数值，因此能够使用更高的快门速度，从而确保拍摄出来的照片很清晰『焦距：100mm ┆光圈：F2.8 ┆快门速度：1/250s ┆感光度：ISO500 』

如果只是查看缩略图，几乎没有什么区别，但放大后查看可以发现，当快门速度到达安全快门时，即可将玩偶拍得非常清晰。

防抖技术对快门速度的影响

佳能的防抖系统全称为 IMAGE STABILIZER，简写为 IS，目前最新的防抖技术可保证使用低于安全快门 4 倍的快门速度拍摄时也能获得清晰的影像。但要注意的是，防抖系统只是提供了一种校正功能，在使用时还要注意以下几点。

▲ 有防抖标志的佳能镜头

●防抖系统成功校正抖动是有一定概率的，这还与个人的手持能力有很大关系，通常情况下，使用低于安全快门 2 倍以内的快门速度拍摄时，成功校正的概率会比较高。

●当快门速度高于安全快门 1 倍以上时，建议关闭防抖系统，否则防抖系统的校正功能可能会影响原本清晰的画面，导致画质下降。

●在使用三脚架保持相机稳定时，建议关闭防抖系统。因为在使用三脚架时，不存在手抖的问题，而开启了防抖功能后，其微小的震动反而会造成图像质量下降。值得一提的是，很多防抖镜头同时还带有三脚架检测功能，即它可以检测到三脚架细微震动造成的抖动并进行补偿，因此，在使用这种镜头拍摄时，则不应关闭防抖功能。

Q：IS 功能是否能够代替较高的快门速度？

A：虽然在弱光条件下拍摄时，具有 IS 功能的镜头允许摄影师使用更低的快门速度，但实际上 IS 功能并不能代替较高的快门速度。要想得到出色的高清晰度照片，仍然需要用较高的快门速度来捕捉瞬间的动作。不管 IS 功能有多么强大，使用高速快门才能够清晰捕捉到快速移动的被摄对象，这一原则是不会改变的。

防抖技术的应用

虽然防抖技术会对照片的画质产生一定的负面影响，但是在光线较弱时，为了得到清晰的画面，它又是必不可少的。例如，在拍摄动物时常常会使用 400mm 的长焦镜头，这就要求相机的快门速度必须保持在 1/400s 的安全快门速度以上，光线略有不足就很容易把照片拍虚，这时使用防抖功能几乎就成了唯一的选择。

▲ 利用长焦镜头拍摄小猴时，为了得到清晰的画面，开启了镜头的防抖功能，即使放大查看，毛发仍然很清晰『焦距：500mm ┊光圈：F7.1 ┊快门速度：1/125s ┊感光度：ISO200』

长时间曝光降噪功能

曝光的时间越长，则产生的噪点就越多，此时，可以启用长时间曝光降噪功能消减画面中的噪点。

● 关闭：选择此选项，在任何情况下都不执行长时间曝光降噪功能。

● 自动：选择此选项，当曝光时间超过 1 秒，且相机检测到噪点时，将自动执行降噪处理。此设置在大多数情况下有效。

● 启用：选择此选项，在曝光时间超过 1 秒时即进行降噪处理，此功能适用于选择"自动"选项时无法自动执行降噪处理的情况。

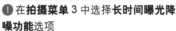

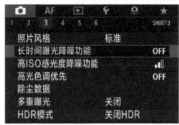

① 在**拍摄菜单 3** 中选择**长时间曝光降噪功能**选项

② 点击可选择不同的选项，然后点击 SET OK 图标确定

 高手点拨：降噪处理需要时间，而这个时间可能与拍摄时间相同。在将"长时间曝光降噪功能"设置为"启用"时，若使用实时显示模式进行长时间曝光拍摄，那么在降噪处理过程中将显示"BUSY"，直到降噪完成，在这期间将无法继续拍摄照片。因此，通常情况下建议将它关闭，在需要进行长时间曝光拍摄时再开启。

▲ 通过较长时间曝光拍摄的夜景照片『焦距：24mm ¦ 光圈：F16 ¦ 快门速度：32s ¦ 感光度：ISO100』

▶ 左图是未开启"长时间曝光降噪"功能时拍摄的画面局部，右图是开启了"长时间曝光降噪"功能后拍摄的画面局部，画面中的杂色及噪点都明显减少，但同时也损失了一些细节

设置白平衡控制画面色彩

理解白平衡存在的重要性

无论是在室外的阳光下，还是在室内的白炽灯光下，人眼都将白色视为白色，将红色视为红色。我们产生这种感觉是因为人的肉眼能够修正光源变化造成的着色差异。实际上，当光源改变时，作为这些光源的反射而被捕获的颜色也会发生变化，相机会精确地将这些变化记录在照片中，这样的照片在纠正之前看上去是偏色的。

相机具有的白平衡功能，可以纠正不同光源下色彩的变化，就像人眼的功能一样，使偏色的照片得到纠正。

值得一提的是，在实际应用时，我们也可以尝试使用"错误"的白平衡设置，从而获得特殊的画面色彩。例如，在拍摄夕阳时，如果使用白色荧光灯或阴影白平衡，则可以得到冷暖对比或带有强烈暖调色彩的画面，这也是白平衡的一种特殊应用方式。

Canon EOS 5D Mark Ⅳ 相机共提供了 3 类白平衡设置，即预设白平衡、手调色温及自定义白平衡，下面分别讲解它们的作用。

预设白平衡

除了自动白平衡外，Canon EOS 5D Mark Ⅳ相机还提供了日光、阴影、阴天、钨丝灯、白色荧光灯及闪光灯等 6 种预设白平衡，它们分别针对了一些常见的典型环境，选择这些预设的白平衡可以快速获得需要的设置。

以下是使用不同预设白平衡拍摄同一场景时得到的结果。

▶ 设定方法
按住 WB 按钮，然后转动速控转盘○可选择不同的预设白平衡

▲ 日光白平衡

▲ 阴影白平衡

▲ 阴天白平衡

▲ 钨丝灯白平衡

▲ 白色荧光灯白平衡

▲ 闪光灯白平衡

灵活运用两种自动白平衡

Canon EOS 5D Mark IV提供了两种自动白平衡模式，其中"自动：氛围优先"自动白平衡模式能够较好地表现出钨丝灯下拍摄的效果，即在照片中保留灯光下的红色色调，从而拍出具有温暖氛围的照片；而"自动：白色优先"自动白平衡模式可以抑制灯光中的红色，准确地再现白色。

另外，还要注意的是，"自动：氛围优先"与"自动：白色优先"自动白平衡模式的不同只有在色温较低的场景中才能表现出来，在其他条件下，使用两种自动白平衡模式拍摄出来的照片效果是一样的。

这两种自动白平衡模式只可以在菜单中进行切换。

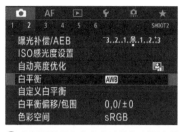

❶ 在**拍摄菜单 2**中点击选择**白平衡**选项

❷ 点击选择自动白平衡选项，然后点击 `INFO. AWB=AWBW`图标

❸ 点击选择**自动：氛围优先**或**自动：白色优先**选项，然后点击 `SET OK`图标确认

▲ 选择"自动：白色优先"自动白平衡模式可以抑制灯光中的红色，拍摄出来的照片中模特的皮肤会显得更白皙、好看一些『焦距：85mm ¦ 光圈：F3.2 ¦ 快门速度：1/40s ¦ 感光度：ISO400 』

◀ 使用"自动：氛围优先"自动白平衡模式拍摄出来的照片暖色调更明显一些『焦距：85mm ¦ 光圈：F2.8 ¦ 快门速度：1/50s ¦ 感光度：ISO400』

什么是色温

在摄影领域色温用丁说明光源的成分,单位用"K"表示。例如,日出日落时光的颜色为橙红色,这时色温较低,大约3200K;太阳升高后,光的颜色为白色,这时色温高,大约5400K;阴天的色温还要高一些,大约6000K。色温值越大,则光源中所含的蓝色光越多;反之,当色温值越小,则光源中所含的红色光越多。

低色温的光趋于红、黄色调,其能量分布中红色调较多,因此又通常被称为"暖光";高色温的光趋于蓝色调,其能量分布较集中,也被称为"冷光"。

通常在日落之时,光线的色温较低,因此拍摄出来的画面偏暖,适合表现夕阳静谧、温馨的感觉。为了加强这样的画面效果,可以使用暖色滤镜,或是将白平衡设置成阴天模式。晴天、中午时分的光线色温较高,拍摄出来的画面偏冷,通常这时空气的能见度也较高,可以很好地表现大景深的场景,另外还因为冷色调的画面可以很好地表现出冷清的感觉,在视觉上有开阔的感受。

蓝天、白雪约 10000K

雨天 / 阴天约 7000K

正午晴天约 5000K

下午阳光约 4500K

室内灯光约 3400K

烛光约 1800K

9000K
8000K
7000K
6000K
5000K
4000K
3000K
2000K
1000K

户外阴影约 7500K

阴天约 6500K

闪光灯约 5500K

夕阳约 3800K

家用电灯约 2800K

手调色温

为了应对复杂光线环境下的拍摄需要，Canon EOS 5D Mark Ⅳ在色温调整白平衡模式下提供了 2500~10000K 的色温调整范围，最小的调整幅度为 100K。用户可根据实际色温进行精确调整。

预设白平衡模式涵盖的色温范围比手调色温白平衡可调整的范围要小一些，因此当需要一些比较极端的效果时，预设白平衡模式就显得有些力不从心，此时就可以进行手动调整。

在通常情况下，使用自动白平衡模式就可以获得不错的色彩效果。但在特殊光线条件下，使用自动白平衡模式有时可能无法得到准确的色彩还原，此时，应根据光线条件选择合适的白平衡模式。实际上，每一种预设白平衡也对应着一个色温值，以下是不同预设白平衡模式所对应的色温值。

显 示	白平衡模式	色 温（K）
AWB	自动（氛围优先）	3000~7000
AWB w	自动（白色优先）	
☀	日光	5200
⌂	阴影	7000
☁	阴天（黎明、黄昏）	6000
☀	钨丝灯	3200
≈	白色荧光灯	4000
⚡	闪光灯	6000
◣	用户自定义	2000~10000
K	色温	2500~10000

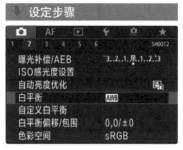

❶ 在拍摄菜单 2 中点击选择白平衡选项

❷ 点击选择色温选项，然后点击◀、▶图标选择色温值，选择完成后点击 SET OK 图标确认

▲ 即使使用了色温值最高的阴影预设白平衡（色温约为 7000K），得到的暖调效果还是不够纯粹

▲ 通过手工调整色温至最高的 10000K，得到的暖调效果更加强烈

自定义白平衡

自定义白平衡模式是各种白平衡模式中最精准的一种，是指在现场光照条件下拍摄纯白的物体，相机会认为这张照片是标准的"白色"，从而以此为依据对现场色彩进行调整，最终实现精准的色彩还原。

在 Canon EOS 5D Mark Ⅳ 中自定义白平衡的操作步骤如下。

❶ 在镜头上将对焦方式切换至 MF（手动对焦）方式。

❷ 找到一个白色物体，然后半按快门对白色物体进行测光（此时无需顾虑是否对焦的问题），且要保证白色物体应充满虚线框的部分，然后按下快门拍摄一张照片。

❸ 在"拍摄菜单2"中选择"自定义白平衡"选项。

❹ 此时将要求选择一幅图像作为自定义的依据，选择前面拍摄的照片并确定即可。

❺ 要使用自定义的白平衡，可以按机身上的WB按钮，然后在显示屏中选择"用户自定义"选项即可。

例如在室内使用恒亮光源拍摄人像或静物时，由于光源本身都会带有一定的色温倾向，因此，为了保证拍出的照片能够准确地还原色彩，此时就可以通过自定义白平衡的方法进行拍摄。

 高手点拨： 在实际拍摄时灵活运用自定义白平衡功能，可以使拍摄效果更自然，这要比使用滤色镜获得的效果更自然，操作也更方便。但值得注意的是，当曝光不足或曝光过度时，使用自定义白平衡可能无法获得正确的白平衡。在实际拍摄时可以使用18%灰度卡（市面有售）取代白色物体，这样可以更精确地设置白平衡。

▲ 采用自定义白平衡拍摄室内人像，画面中人物的肤色得到了准确还原 『焦距：50mm ┊ 光圈：F2.2 ┊ 快门速度：1/160s ┊ 感光度：ISO100』

▼ 设定步骤

❶ 切换至手动对焦方式

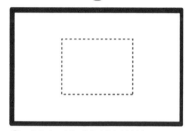

❷ 对白色对象进行测光并拍摄

❸ 选择**自定义白平衡**选项

❹ 选择所拍摄的照片作为自定义的依据，然后点击屏幕上的 SET 图标确认

❺ 若要使用自定义的白平衡，选择**用户自定义**选项即可

白平衡偏移 / 包围

此菜单实际上包含了两个功能，即白平衡偏移及白平衡包围，下面分别讲解其功能。

白平衡偏移

白平衡偏移是指通过设置对白平衡进行微调矫正，以获得与使用色温转换滤镜同等的效果。"白平衡偏移"功能也可用于纠正镜头的偏色，例如，如果某一款镜头成像时会偏一点红色，此时利用此功能可以使照片稍偏蓝一点，从而得到颜色相对准确的照片。

每种色彩都有 1 ~ 9 级矫正。其中 B 代表蓝色，A 代表琥珀色，M 代表洋红色，G 代表绿色。

设置白平衡偏移时，使用多功能控制钮❖将"■"移至所需位置，即可让拍出的照片偏向所选择的色彩。

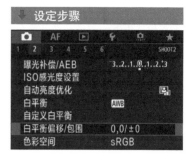

① 在**拍摄菜单** 2 中点击选择**白平衡偏移 / 包围**选项

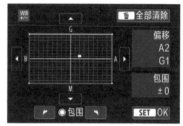

② 点击屏幕上的▲、▼、◀、▶图标选择不同的白平衡偏移方向，即可使拍摄出来的照片向着小点所在区域定义的颜色偏移

正常

增加 5 格 B（蓝色）偏移

增加 5 格 A（红色）偏移

▲ 利用白平衡偏移功能拍摄的画面效果对比

白平衡包围

使用"白平衡包围"功能拍摄时，一次拍摄可同时得到3张不同白平衡偏移效果的图像。在当前白平衡设置的色温基础上，图像将进行蓝色/琥珀色偏移或洋红色/绿色偏移。

操作时首先要通过点击确定白平衡包围的基础色调，其操作步骤与前面所述的设置白平衡偏移的步骤相同，在此基础上转动速控转盘使屏幕上的■标记将变成 ■ ■ ■ 。操作时可以尝试多次转动速控转盘，以改变白平衡包围的范围。

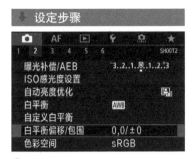

① 在**拍摄菜单2**中点击选择**白平衡偏移/包围**选项

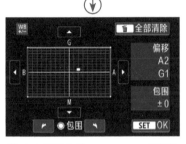

② 点击屏幕上的▲、▼、◀、▶图标选择不同的白平衡偏移方向，即可使拍摄出来的照片向着小点所在区域定义的颜色偏移

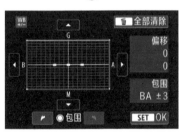

③ 如果在此基础上进行白平衡包围设置，只需点击 ◤ 或 ◢ 图标，使屏幕上出现"■ ■ ■"标记即可。在屏幕的右侧，"包围"表示包围曝光方向和校正量。点击屏幕上的 全部清除 将取消所有白平衡偏移/包围设置，点击 SET OK 图标将保存设置界面

◀ 拍摄雪地日出照片时，由于太阳跳出地平线时间较快，没法慢慢地调整白平衡模式，因而使用了"白平衡包围"功能，设置蓝色/琥珀色方向的偏移，以便拍摄完成后挑选色彩效果较好的照片

设置 ISO 控制照片品质

理解感光度

数码相机的感光度概念是从传统胶片感光度引入的，用于表示感光元件对光线的感光敏锐程度，即在相同条件下，感光度越高，获得光线的数量也就越多。但要注意的是，感光度越高，产生的噪点就越多，而低感光度画面则清晰、细腻，细节表现较好。

Canon EOS 5D Mark IV作为全画幅相机，在感光度的控制方面非常优秀。其常用感光度范围为 ISO100~ISO32000，并可以向下扩展至 L（相当于 ISO50），向上扩展至 H2（相当于 ISO102400）。在光线充足的情况下，一般使用 ISO100 拍摄即可。

对于 Canon EOS 5D Mark IV来说，当感光度数值在 ISO1600 以下时，均能获得出色的画质；当感光度数值在 ISO1600~ISO3200 之间时，Canon EOS 5D Mark IV的画质比低感光度时略有降低，但仍可以用良好来形容；当感光度数值增至 ISO3200~ISO6400 时，虽然画面的细节还比较好，但已经有明显的噪点了，尤其在弱光环境下表现得更为明显；当感光度增至 ISO32000 时，画面中的噪点和色散已经变得很严重，因此，除非必要，一般不建议使用 ISO3200 以上的感光度数值。

▶ 设定方法
按住 ISO 按钮，然后转动主拨盘 即可调节 ISO 感光度的数值

感光度的设置原则

感光度除了对曝光会产生影响外，对画质也有极大的影响，即感光度越低，画质就越好；反之，感光度越高，就越容易产生噪点、杂色，因此画质就越差。

在条件允许的情况下，建议采用 Canon EOS 5D Mark IV基础感光度中的最低值，即 ISO100，这样可以在最大程度上保证得到较高的画质。

需要特别指出的是，在光线充足与不足的情况下分别拍摄时，即使设置相同的 ISO 感光度，在光线不足时拍出的照片中也会产生更多的噪点，如果此时再使用较长的曝光时间，那么就更容易产生噪点。因此，在弱光环境中拍摄时，更需要设置低感光度，并配合高 ISO 感光度降噪和长时间曝光降噪功能来获得较高的画质。

当然，低感光度的设置，尤其是在光线不足的情况下，可能会导致快门速度过低，在手持拍摄时很容易由于手的抖动而导致画面模糊。此时，应该果断地提高感光度，即优先保证能够成功地完成拍摄，然后再考虑高感光度给画质带来的损失。因为画质损失可通过后期处理来弥补，而画面模糊则意味着拍摄失败，是无法补救的。

ISO 数值与画质的关系

对于 Canon EOS 5D Mark Ⅳ而言，使用 ISO1600 以下的感光度拍摄时，均能获得优秀的画质；使用 ISO1600~ISO3200 之间的感光度拍摄时，虽然画质要比低感光度时略有降低，但是依旧很优秀。

如果从实用角度来看，使用 ISO1600 和 ISO3200 拍摄的照片细节完整、色彩生动，如果不是 100% 查看，和使用较低感光度拍摄的照片并无明显区别。但是对

于一些对画质要求较为苛求的用户来说，ISO1600 是 Canon EOS 5D Mark Ⅳ能保证较好画质的最高感光度。使用高于 ISO3200 的感光度拍摄时，虽然整个照片依旧没有过多杂色，但是照片细节上的缺失通过大屏幕显示器观看时就能感觉到，所以除非处于极端环境中，否则不推荐使用。

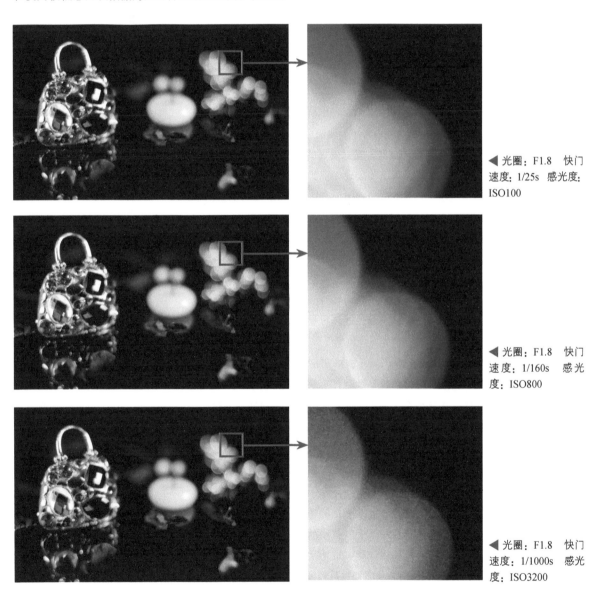

◀ 光圈：F1.8　快门速度：1/25s　感光度：ISO100

◀ 光圈：F1.8　快门速度：1/160s　感光度：ISO800

◀ 光圈：F1.8　快门速度：1/1000s　感光度：ISO3200

从这一组照片中可以看出，在光圈优先曝光模式下，当 ISO 感光度数值发生变化时，快门速度也发生了变化，因此照片的整体曝光量并没有变化。但仔细观察细节可以看出，照片的画质随着 ISO 数值的增大而逐渐变差。

感光度对曝光的影响

　　作为控制曝光的三大要素之一，在其他条件不变的情况下，感光度每增加一挡，感光元件对光线的敏锐度会随之提高一倍，即增加一倍的曝光量；反之，感光度每减少一挡，即减少一挡的曝光量。

　　更直观地说，感光度的变化将影响光圈或快门速度的设置，以F2.8、1/200s、ISO400的曝光组合为例，在光圈数值保持不变的前提下，可以通过提高或降低感光度来改变快门速度，例如要提高一倍的快门速度（变为1/400s），则可以将感光度数值提高一倍（变为ISO800）。

　　如果是在快门速度保持不变的前提下，同样可以通过调整感光度数值来改变光圈大小，例如要缩小2挡光圈（变为F5.6），则可以将感光度数值降低原来的1/4（变为ISO100）。

　　在拍摄上面这组照片时，焦距、光圈、快门速度都没有变化，从这一组照片中可以看出，当其他曝光参数不变时，ISO感光度的数值越大，由于感光元件对光线更加敏感，因此所拍摄出来的照片也就越明亮。

ISO 感光度设置

Canon EOS 5D Mark IV 将 ISO 感光度的主要功能集成在了 "ISO 感光度设置" 菜单中，可以在其中选择 ISO 感光度的具体数值、设置静止图像的可用 ISO 感光度范围、设置自动 ISO 感光度的范围以及使用自动 ISO 感光度时的最低快门速度等参数。

设定步骤

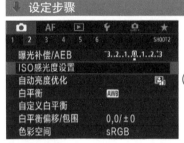

❶ 在**拍摄菜单** 2 中选择 ISO **感光度设置**选项

❷ 点击选择 ISO **感光度**选项

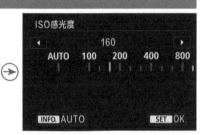

❸ 点击可以选择不同的 ISO 感光度数值，然后点击 SET OK 图标确定

在拍摄静止图像时，画质的好坏对于画面十分重要。鉴于每个摄影师能够接受的画质优劣程度不一致，因此 Canon EOS 5D Mark IV 提供了 "静止图像的范围" 选项。

在 "静止图像的范围" 选项中，摄影师可以对常用感光度的范围进行设置。比如最大程度能够接受 ISO3200 拍摄的效果，那么就可以将最小感光度设置为 ISO100，最大感光度设置为 ISO3200。

❹ 如果在步骤❷中选择**静止图像的范围**选项

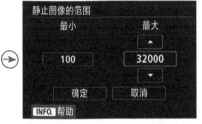

❺ 选择**最小**或**最大**选项，然后点击▲或▼图标选择 ISO 感光度的数值，选择完成后点击选择**确定**选项

当 ISO 感光度选择 "自动" 选项时，可以利用 "自动范围" 选项，在 ISO100~ISO25600 范围内设定感光度的下限，在 ISO200~ISO32000 的范围内设定感光度的上限。在低光照条件下，为了避免快门速度过慢，可以将最大 ISO 感光度设得高一些，如 ISO6400。

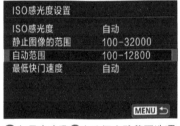

❻ 如果在步骤❷中选择**自动范围**选项

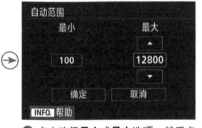

❼ 点击选择**最小**或**最大**选项，然后点击▲或▼图标选择 ISO 感光度的数值，选择完成后点击选择**确定**选项

当使用自动感光度时，可以指定一个快门速度的最低数值，当快门速度低于此数值时，由相机自动提高感光度数值；反之，则使用 "自动范围" 中设置的最小感光度数值进行拍摄。

❽ 如果在步骤❷中选择**最低快门速度**选项

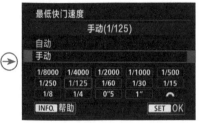

❾ 当选择了**自动**选项时，可以点击◀或▶图标选择自动最低快门速度的快与慢，当选择了**手动**选项时，则可以点击选择一个快门速度值

高 ISO 感光度降噪功能

利用高 ISO 感光度降噪功能能够有效地降低图像的噪点，在使用高 ISO 感光度拍摄时的效果尤其明显，而且即使是使用较低 ISO 感光度时，也会使图像阴影区域的噪点有所减少。

在"高 ISO 感光度降噪功能"菜单中共有 5 个选项，可以根据噪点的多少来改变其设置。需要特别指出的是，与应用"强"时相比，使用"多张拍摄降噪"能够在保持更高图像画质的情况下进行降噪，其原理是连续拍摄四张照片并将其自动合并成一幅 JPEG 格式的照片。

另外，当将"高 ISO 感光度降噪功能"设置为"强"时，将使相机的连拍数量减少。

● 关闭：选择此选项，则不执行高 ISO 感光度降噪功能，适合用 RAW 格式保存照片的情况。

● 弱：选择此选项，则降噪幅度较弱，适合直接用 JPEG 格式拍摄且对照片不做调整的情况。

● 标准：选择此选项，则执行标准降噪幅度，照片的画质会略受影响，适合用 JPEG 格式保存照片的情况。

● 强：选择此选项，则降噪幅度较大，适合弱光拍摄的情况。

● 多张拍摄降噪：如果拍摄的是单张照片，在选择此选项后，相机会连续拍摄四张照片，并将其自动合成为一幅 JPEG 图像，以确保图像的噪点最低。当图像画质被设为 RAW 或 RAW+JPEG 时，此选项不可选。

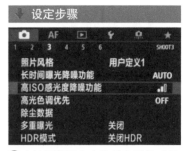

❶在**拍摄菜单 3** 中选择**高 ISO 感光度降噪功能**选项

❷点击选择不同的选项，然后点击 SET OK 图标确定

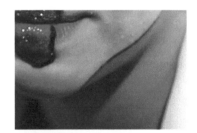

▲ 右侧上图是未启用此功能拍摄的效果，下图为启用此功能后拍摄的效果，对比两张图可以看出来，降噪后的照片噪点明显减少，但同时也损失了一定的细节『焦距：50mm ┊光圈：F2.8 ┊快门速度：1/100s ┊感光度：ISO3200』

影响曝光的 4 个因素之间的关系

影像曝光的因素有 4 个：①照明的亮度（Light Value），简称 LV，由于大部分照片以阳光为光源拍摄，因而我们无法控制阳光的亮度；②感光度，即 ISO 值，ISO 值越高，所需的曝光量越少；③光圈，较大的光圈能让更多光线通过；④曝光时间，也就是所谓的快门速度。

影响曝光的这 4 个因素是一个互相牵引的四角关系，改变任何一个因素，均会对另外 3 个造成影响。例如最直接的对应关系是"亮度 VS 感光度"，当在较暗的环境中（亮度较低）拍摄时，就要使用较高的感光度值，以增加相机感光元件对光线的敏感度，来得到曝光正常的画面。

另一个直接的相互影响是"光圈 VS 快门"，当用大光圈拍摄时，进入相机镜头的光量变多，因而快门速度便要提高，以避免照片过曝；反之，当缩小光圈时，进入相机镜头的光量变少，快门速度就要相应

地变低，以避免照片欠曝。

下面进一步解释这四者的关系。

当光线较为明亮时，相机感光充分，因而可以使用较低的感光度、较高的快门速度或小光圈拍摄；

当使用高感光度拍摄时，相机对光线的敏感度增加，因此也可以使用较高的快门速度、较小光圈拍摄；

当降低快门速度作长时间曝光时，则可以通过缩小光圈、较低的感光度，或者加中灰镜来得到正确的曝光。

当然，在现场光环境中拍摄时，画面的明暗亮度很难做出改变，虽然可以用中灰镜降低亮度，或提高感光度来增加亮度，但是会带来一定的画质影响。

因此，摄影师通常会先考虑调整光圈和快门速度，当调整光圈和快门速度都无法得到满意的效果时，才会调整感光度数值，最后才会考虑安装中灰镜或增加灯光给画面补光。

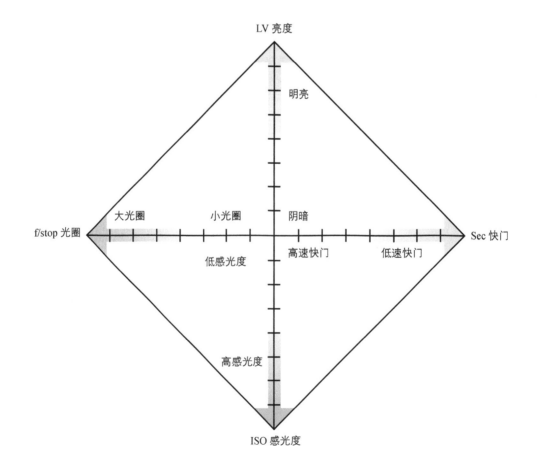

设置自动对焦模式以获得清晰锐利的画面

对焦是成功拍摄的重要前提之一，准确对焦可以让画面要表现的主体获得清晰呈现，反之则容易出现画面模糊的问题，也就是所谓的"失焦"。

Canon EOS 5D Mark Ⅳ相机提供了 AF 自动对焦与 MF 手动对焦两种模式，而 AF 自动对焦又可以分为单次自动对焦、人工智能自动对焦、人工智能伺服自动对焦 3 种模式，使用这 3 种自动对焦模式一般都能够实现准确对焦，下面分别讲解它们的使用方法。

▶ 设定方法
按住 **AF** 按钮并转动主拨盘 🖰，可以在 3 种自动对焦模式间切换

单次自动对焦（ONE SHOT）

单次自动对焦在合焦（半按快门时对焦成功）之后即停止自动对焦，此时可以保持半按快门状态重新调整构图，这种对焦模式是风光摄影中最常用的自动对焦模式之一，特别适合拍摄静止的对象，例如山峦、树木、湖泊、建筑等。当然，在拍摄人像、动物时，如果被摄对象处于静止状态，也可以使用这种自动对焦模式。

▼ 单次自动对焦模式非常适合拍摄静止的对象

Q：AF（自动对焦）不工作怎么办？

A：检查镜头上的对焦模式开关，如果将镜头上的对焦模式开关设置为"MF"，将不能自动对焦，应将镜头上的对焦模式开关设置为"AF"；另外，还要确保稳妥地安装了镜头，如果没有稳妥地安装镜头，则有可能无法正确对焦。

5D Mark Ⅳ

人工智能伺服自动对焦（AI SERVO）

选择人工智能伺服自动对焦模式后，当摄影师半按快门合焦后，保持快门的半按状态，相机会在对焦点中自动切换以保持对运动对象的准确合焦状态，如果在此过程中，被摄对象的位置发生了较大变化，相机会自动作出调整，以确保主体清晰。这种对焦模式较适合拍摄运动中的鸟、昆虫、人等对象。

▶ 拍摄飞翔中的鸟儿，使用人工智能伺服自动对焦模式可以获得焦点清晰的画面『焦距：400mm ┊光圈：F5.6 ┊快门速度：1/1000s ┊感光度：ISO800』

人工智能自动对焦（AI FOCUS）

人工智能自动对焦模式适用于无法确定被摄对象是静止还是处于运动状态的情况，此时相机会自动根据被摄对象是否运动来选择单次对焦还是人工智能伺服自动对焦。

例如，在动物摄影中，如果所拍摄的动物暂时处于静止状态，但有突然运动的可能性，此时应该使用该对焦模式，以保证能够将被摄对象清晰地捕捉下来。在人像摄影中，如果模特不是处于摆拍的状态，随时有可能从静止变为运动状态，也可以使用这种对焦模式。

▲ 面对忽然安静忽然调皮跑动的小朋友，使用人工智能自动对焦是再合适不过了

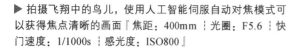

Q：如何拍摄自动对焦困难的主体？

A：在主体与背景反差较小、主体在弱光环境中、主体处于强烈逆光环境、主体本身有强烈的反光、主体的大部分被一个自动对焦点覆盖的景物覆盖、主体是重复的图案等情况下，Canon EOS 5D Mark Ⅳ可能无法进行自动对焦。此时，可以按下面的步骤使用对焦锁定功能进行拍摄。

1. 设置对焦模式为单次自动对焦，将 AF 点移至另一个与希望对焦的主体距离相等的物体上，然后半按快门按钮。

2. 因为半按快门按钮时对焦已被锁定，因此可以在半按快门按钮的状态下，将 AF 点移至希望对焦的主体上，重新构图后再完全按下快门。

自动对焦控制工具

Canon EOS 5D Mark IV采用了源自 Canon EOS 1Dx 的自动对焦模块，在本节中要讲解的第 1 组对焦菜单属全新加入相机的功能，它分为 1~6 种场合，以满足拍摄对象以不同方式运动时对焦控制参数的选择与设置要求。

场合 1~6 中所包含的参数及其代表的功能是相同的，其中包括了"追踪灵敏度""加速/减速追踪"以及"自动对焦点自动切换"3 个参数，在下面的讲解中，将仅在场合 1 中讲解这 3 个参数的作用。

场合 1 通用多用途设置

此场合适用于拍摄一般运动场面，例如拍摄运动特征不明显或运动幅度较小的对象时，此功能较为适用。

在此场合中包括了 3 个对焦控制参数，下面分别讲解其作用。

⬇ 设定步骤

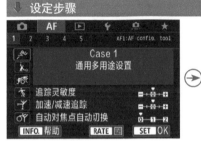 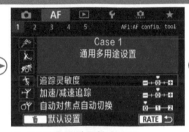 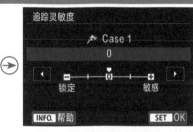

❶ 在**自动对焦菜单** 1 中选择 **Case1** 选项，然后点击 RATE 图标进入其详细参数设置界面

❷ 点击选择**追踪灵敏度**选项

❸ 点击◀或▶图标可设定不同的灵敏度数值，设定完成后点击 SET OK 图标确定

● 追踪灵敏度：设置此参数的意义在于，当被摄对象前方出现障碍对象时，通过此参数使相机"明白"，是忽略障碍对象继续跟踪对焦被摄对象，还是切换至对新被摄体（即障碍对象）进行对焦拍摄。选择此选项后，可以向左边的"锁定"或右边的"敏感"拖动滑块进行参数设置。当滑块位置偏向于"锁定"时，即使有障碍物进入自动对焦点，或被摄对象偏移了对焦点，相机仍然会继续保持原来的对焦位置；反之，若滑块位置偏向于"敏感"方向，障碍对象出现后，相机的对焦点就会由原被摄对象脱开，马上对焦在新的障碍对象上。

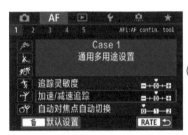

❹ 若在步骤❷中选择了**加速/减速追踪**选项

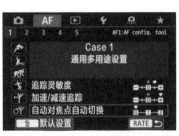

❻ 若在步骤❷中选择了**自动对焦点自动切换**选项

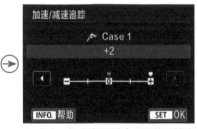

❺ 点击◀或▶图标可设定不同的灵敏度数值，设定完成后点击 SET OK 图标确定

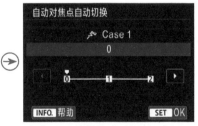

❼ 点击◀或▶图标可设定不同的灵敏度数值，设定完成后点击 SET OK 图标确定

● 加速 / 减速追踪：此参数用于设置当被摄对象突然加速或突然减速时的对焦灵敏度，数值越大，则当被摄对象突然加速或减速时，相机对其进行跟踪对焦的灵敏度越高。此参数的默认设置为0，适用于被摄体移动速度基本稳定或变化不大的拍摄情况。

● 自动对焦点自动切换：此参数用于控制当对焦的对象进行大幅度上、下、左、右运动时，相机对其进行跟踪对焦的灵敏度，数值越大，则跟踪得越紧密，相机会根据被摄对象的运动情况快速地切换自动对焦点，以保持对焦的准确性。此参数仅在选择扩展自动对焦区域（十字）、扩展自动对焦区域（周围）、区域自动对焦、大区域自动对焦或61点自动对焦自动选择区域模式时有效。

▲ 通常情况下，使用场合1的设置就可以很好地捕捉动态对象『焦距：400mm ┆光圈：F5.6 ┆快门速度：1/640s ┆感光度：ISO200』

场合2 忽略可能的障碍物，连续追踪被摄体

选择此场合时，若主体脱离了对焦范围，或对焦范围内有其他物体出现，相机将优先针对之前对焦的主体进行跟踪，从而避免主体移动或出现障碍时相机的对焦系统受到干扰。此场合适用于拍摄网球选手、蝶泳选手、自由式滑雪选手等运动对象。

❶ 在自动对焦菜单1中选择Case2选项，然后点击 RATE图标进入其详细参数设置界面

❷ 点击可选择并设置不同的参数

场合 3 对突然进入自动对焦点的被摄体立刻对焦

选择此场合时，若对焦点范围内出现新的物体，则相机会自动切换对焦主体，即针对新出现的物体进行对焦；当主体脱离对焦点范围时，则可能会针对背景进行重新对焦。此场合适用于拍摄赛车的起点/转弯、高山滑雪选手下坡等运动对象。

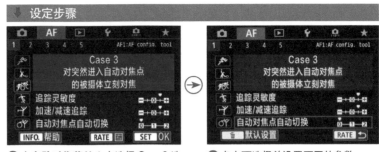

❶ 在**自动对焦菜单**1 中选择 Case3 选项，然后点击 RATE 图标进入其详细参数设置界面

❷ 点击可选择并设置不同的参数

场合 4 对于快速加速或减速的被摄体

选择此场合时，若拍摄对象出现突然加速或减速运动，则相机会倾向于随着对象运动速度的改变而自动进行追踪。此场合适用于拍摄足球、赛车、篮球等题材。

▼ 场合 4 适用于拍摄足球、篮球类题材『焦距：300mm｜光圈：F5.6｜快门速度：1/1000s｜感光度：ISO800』

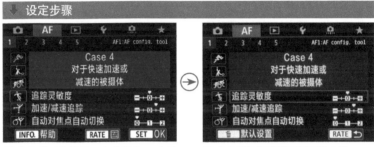

❶ 在**自动对焦菜单**1 中选择 Case4 选项，然后点击 RATE 图标进入其详细参数设置界面

❷ 点击可选择并设置不同的参数

场合 5 对于向任意方向快速不规则移动的被摄体

选择此场合时，若被摄对象出现向上、下、左、右的不规则运动，相机会随之自动进行跟踪对焦。要注意的是，只有在选择扩展自动对焦区域（十字）、扩展自动对焦区域（周围）、区域自动对焦、大区域自动对焦、61 点自动对焦自动选择模式时有效。此场合适用于拍摄花样滑冰等题材。

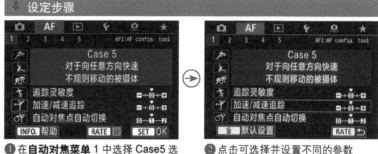

❶ 在**自动对焦菜单** 1 中选择 Case5 选项，然后点击 RATE 图标进入其详细参数设置界面

❷ 点击可选择并设置不同的参数

场合 6 适用于移动速度改变且不规则移动的被摄体

此场合相当于场合 4 与场合 5 的组合体，即当被摄对象移动速度发生变化，且运动又不规则时，选择此场合可以让自动对焦点追踪大幅变化的被摄主体。

此场合与场合 5 一样，适用于选择扩展自动对焦区域(十字)、扩展自动对焦区域（周围）、区域自动对焦、大区域自动对焦、61 点自动对焦自动选择模式。此场合适用于拍摄艺术体操等题材。

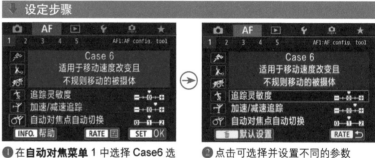

❶ 在**自动对焦菜单** 1 中选择 Case6 选项，然后点击 RATE 图标进入其详细参数设置界面

❷ 点击可选择并设置不同的参数

▼ 舞蹈演员的动作快速而不规则，适合使用场合 6『焦距：135mm ┊光圈：F2.8 ┊快门速度：1/1000s ┊感光度：ISO800 』

人工智能伺服第一张图像优先

在使用人工智能伺服对焦模式拍摄动态的对象时，为了保证成功率，往往与连拍驱动模式组合使用，此时就可以根据个人的习惯来决定在拍摄第一张图像时，是优先进行对焦，还是优先保证快门释放。

● 释放优先：滑块在"释放"一侧，在拍摄第一张照片时相机将优先释放快门，适用于无论如何都想要抓住瞬间拍摄机会的情况。但可能会出现尚未精确对焦即释放快门，从而导致照片脱焦的问题。

● 同等优先：即将滑块移至中间位置，此时相机将采用对焦与释放均衡的拍摄策略，以尽可能拍摄到既清晰又能及时记录精彩瞬间的影像。

● 对焦优先：即将滑块移至"对焦"端，相机将优先进行对焦，直至对焦完成后，才会释放快门，因而可以清晰、准确地捕捉到瞬间影像。适用于要么不拍，要拍必须拍清晰的题材。

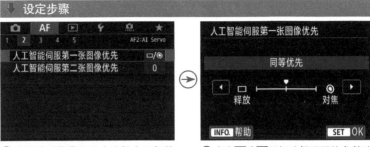

设定步骤

❶ 在**自动对焦菜单 2** 中选择**人工智能伺服第一张图像优先**选项

❷ 点击◀或▶图标选择不同的参数选项，然后点击 SET OK 图标确定

▶ 在拍摄这种运动幅度不大的对象时，应采取"对焦优先"的策略，以保证拍出清晰的画面『焦距：70mm ┊ 光圈：F5 ┊ 快门速度：1/1000s ┊ 感光度：ISO200』

人工智能伺服第二张图像优先

此菜单用于设置使用人工智能伺服自动对焦模式连拍时，针对第二张照片，是以连拍速度优先还是对焦精度优先为原则进行拍摄。

● 速度优先：即将滑块移至"速度"端，将在拍摄第二张照片时继续保持连拍速度，因此与在"人工智能伺服第一张图像优先"中选择"释放优先"相似，此时仍是牺牲部分对焦精度，而以释放快门为优先的原则来保持高速连拍状态。适用于想要以一定时间间隔进行连拍的情况。

● 同等优先：即将滑块移至中间位置，此时相机将采用对焦与连拍释放均衡的拍摄策略，以尽可能拍到既清晰又能及时捕捉精彩瞬间的影像。

● 对焦优先：即将滑块移至"对焦"端，相机将优先进行对焦，直至对焦完成后才会释放快门，因而可以清晰、准确地捕捉到瞬间的影像。选择此选项的缺点是，可能会由于对焦时间过长而错失精彩的瞬间。

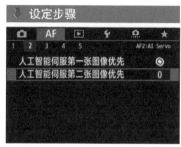

❶ 在**自动对焦菜单2**中选择**人工智能伺服第二张图像优先**选项

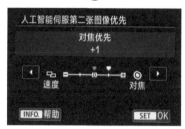

❷ 点击◀或▶图标选择不同的参数选项，然后点击 SET OK 图标确定

▼ 球场上运动员们的动作变化快速，此时适合采取"速度优先"的策略『焦距：300mm ┊光圈：F5.6 ┊快门速度：1/400s ┊感光度：ISO500』

利用自动对焦辅助光辅助对焦

利用"自动对焦辅助光发光"菜单可以控制是否开启相机外置闪光灯的自动对焦辅助光。

在弱光环境下，由于对焦很困难，因此开启对焦辅助光照亮被摄对象，可以起到辅助对焦的作用。

要注意的是，如果外接闪光灯的"自动对焦辅助光发光"被设置为"关闭"时，无论如何设置此菜单，闪光灯都不会发出自动对焦辅助光。

● 启用：选择此选项，外置闪光灯将会发射自动对焦辅助光。

● 关闭：选择此选项，外置闪光灯将不发射自动对焦辅助光。

● 只发射红外自动对焦辅助光：选择此选项，将禁止外置闪光灯自动发射闪光进行辅助对焦，而是只发出红外线自动对焦辅助光进行辅助对焦。这样可以防止使用装备有 LED 灯的 EX 系列闪光灯时，自动打开 LED 灯进行辅助自动对焦。

 高手点拨：如果拍摄的是会议或体育比赛等不能被打扰的拍摄对象，应该关闭此功能。在不能使用自动对焦辅助光照明时，如果难于对焦，应尽量使用中间的高性能双十字对焦点，选择明暗反差较大的位置进行对焦。

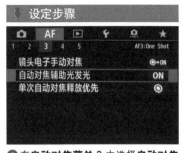

❶ 在**自动对焦菜单** 3 中选择**自动对焦辅助光发光**选项

❷ 点击选择所需的选项，然后点击 SET OK 图标确定

单次自动对焦释放优先

在 Canon EOS 5D Mark IV 中，不只为人工智能伺服对焦模式提供了多个设置选项，同时也为单次自动对焦模式提供了对焦或释放优先设置选项，以便满足用户多样化的拍摄需求。

例如，在一些弱光或不易对焦的情况下，使用单次自动对焦模式拍摄时，也可能会出现无法对焦而导致错失拍摄时机的问题，此时就可以在此菜单中进行设置。

● 对焦优先：选择此选项，相机将优先进行对焦，直至对焦完成后才会释放快门，因而可以清晰、准确地捕捉到瞬间影像。选择此选项的缺点是，可能会由于对焦时间过长而错失精彩的瞬间。

● 释放优先：选择此选项，将在拍摄时优先释放快门，以保证抓取到瞬间影像，但此时可能会出现尚未精确对焦即释放快门，而导致照片脱焦变虚。

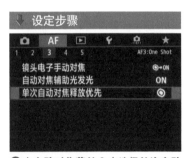

❶ 在**自动对焦菜单** 3 中选择**单次自动对焦释放优先**选项

❷ 点击 ◀ 或 ▶ 图标可选择**对焦**或**释放**选项，然后点击 SET OK 图标确定

镜头电子手动对焦

当在 Canon EOS 5D Mark IV相机上安装了带有电子手动对焦功能的 USM 和 STM 镜头时，可以通过"镜头电子手动对焦"菜单，设置是否要使用电子手动对焦功能。

● 单次自动对焦后启用：选择此选项，可以在相机自动对焦后，保持半按快门按钮的同时，可以手动调节对焦。

● 单次自动对焦后关闭：选择此选项，在相机自动对焦后，手动对焦调节功能会关闭。

● 自动对焦模式下关闭：选择此选项，当镜头的对焦模式开关置于 AF 端时，手动对焦功能关闭。

佳能具有电子手动对焦功能的镜头		
EF50mm f/1.0L USM	EF300mm f/2.8L USM	EF600mm f/4L USM
EF600mm f/4L USM	EF400mm f/2.8L USM	EF1200mm f/5.6L USM
EF85mm f/1.2L II USM	EF400mm f/2.8L II USM	EF200mm f/1.8L USM
EF500mm f/4.5L USM	EF28-80mm f/2.8-4L USM	
EF50mm f/1.8 STM	EF40mm f/2.8 STM	EF24-105mm f/3.5-5.6 IS STM

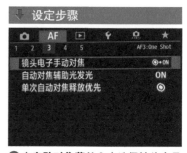

❶ 在**自动对焦菜单** 3 中选择**镜头电子手动对焦**选项

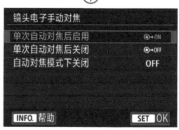

❷ 点击选择不同的参数选项，然后点击 SET OK 图标确定

提示音

提示音最常见的作用就是在对焦成功时发出清脆的声音，以便于确认是否对焦成功。

除此之外，提示音在自拍时会用于自拍倒计时提示。

● 启用：开启提示音后，在合焦或自拍时，相机会发出提示音提醒。

● 触摸 ♪：选择此选项，只在触摸屏操作期间关闭提示音。

● 关闭：关闭提示音后，在合焦或自拍时，提示音不会响。

高手点拨：提示音对确认合焦很有帮助，同时在自拍时还能起到很好的提示作用，所以建议将其设置为"启用"。

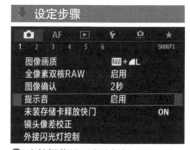

❶ 在**拍摄菜单** 1 中选择**提示音**选项

❷ 点击选择所需的选项

手动对焦实现自主对焦控制

如果在摄影中遇到下面的情况，相机的自动对焦系统往往无法准确对焦，此时应该使用手动对焦功能。但由于摄影师的拍摄经验不同，拍摄的成功率也有极大的差别。

● 画面主体处于杂乱的环境中，例如拍摄杂草后面的花朵。
● 画面属于高对比、低反差的画面，例如拍摄日出、日落。
● 在弱光环境下进行拍摄，例如拍摄夜景、星空。
● 距离太近的题材，例如微距拍摄昆虫、花卉等。
● 主体被其他景物覆盖，例如拍摄动物园笼子里面的动物、鸟笼中的鸟等。
● 对比度很低的景物，例如拍摄蓝天、墙壁。
● 距离较近且相似程度又很高的题材，例如旧照片翻拍等。

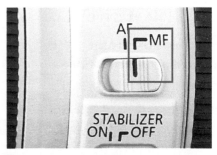

▶ 设定方法
将镜头上的对焦模式切换器设为 MF，即可切换至手动对焦模式。

Q：图像模糊不聚焦或锐度较低应如何处理？

A：出现这种情况时，可以从以下三个方面进行检查。

1. 按快门按钮时相机是否产生了移动？按快门按钮时要确保相机稳定，尤其在拍摄夜景或在黑暗的环境中拍摄时，快门速度应高于正常拍摄条件下的快门速度。应尽量使用三脚架或遥控器，以确保拍摄时相机保持稳定。

2. 镜头和主体之间的距离是否超出了相机的对焦范围？如果超出了相机的对焦范围，应该调整主体和镜头之间的距离。

3. 取景器的自动对焦点是否覆盖了主体？相机会对焦取景器中自动对焦点覆盖的主体，如果因为所处位置使自动对焦点无法覆盖主体，可以利用对焦锁定功能来解决。

5D Mark IV

▲ 在拍摄微距题材时，常常使用手动对焦模式以保证画面中的主体能够清晰对焦『焦距：100mm ┊光圈：F4 ┊快门速度：1/400s ┊感光度：ISO100 』

设置对焦点以满足不同拍摄需求

自动对焦区域选择模式

Canon EOS 5D Mark IV 拥有 61 个对焦点，其中包括了 41 个十字形对焦点，并提供了 7 种自动对焦区域选择模式，为更好地进行准确对焦提供了强有力的保障。

虽然 Canon EOS 5D Mark IV 提供了 7 种自动对焦区域选择模式，但是每个人的拍摄习惯和拍摄题材不同，这些模式并非都是常用的，甚至有些模式几乎不会用到，因此可以在"选择自动对焦区域选择模式"菜单中自定义可选择的自动对焦区域选择模式，以简化拍摄时的操作。

▶ 设定方法

按下自动对焦点选择按钮⊞，然后按下自动对焦区域选择按钮◈或多功能按钮M-Fn，即可在不同自动对焦区域选择模式之间切换

⬇ 设定步骤

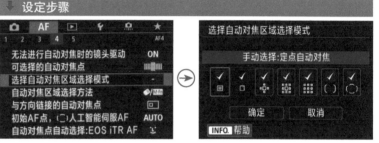

❶ 在**对焦菜单 4** 中选择**选择自动对焦区域选择模式**选项

❷ 点击选择常用的自动对焦区域选择模式，添加勾选标志，选择完成后点击选择**确定**选项

手动选择：定点自动对焦

在此模式下，摄影师可以在 61 个对焦点中手动选择自动对焦点，但此模式的对焦区域较小，因此适合进行更小范围的对焦。如隔着笼子拍摄动物时，可能会需要更小的对焦点对笼子里面的动物进行对焦。但也正由于对焦区域小，因此在手持拍摄或移动对焦时，可能会出现无法合焦的问题。

▲ 使用"手动选择：定点自动对焦"功能，在针对铁丝网后动物的眼睛进行对焦时，可以确保其精准度『焦距：400mm ┆光圈：F9 ┆快门速度：1/250s ┆感光度：ISO400』

◀选择**手动选择：定点自动对焦**模式时的显示屏

手动选择：单点自动对焦

在此模式下，摄影师可以手动选择对焦点的位置。除了采用场景智能自动曝光模式外，采用其他曝光模式拍摄时都可以手选对焦点。Canon EOS 5D Mark Ⅳ共有 61 个对焦点可供选择。

手动选择：扩展自动对焦区域（十字 / 周围）

这两种模式也可以理解为"手动选择：单点自动对焦"模式的一个升级版，即仍然以手选单个对焦点的方式进行对焦，并在当前所选的对焦点周围，会有多个辅助对焦点进行辅助对焦，从而得到更精确的对焦结果。这两种模式的不同之处在于，"扩展自动对焦区域（十字）"是在当前对焦点的上、下、左、右扩展出几个辅助对焦点；而"扩展自动对焦区域（周围）"则是在当前对焦点周围扩展出几个辅助对焦点。

▲ "自动对焦点扩展（十字）"的对焦点示意图

▲ "自动对焦点扩展（周围）"的对焦点示意图

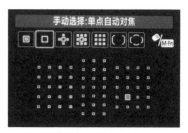

▲ 选择**手动选择：单点自动对焦**模式时的显示屏

▲ 选择**自动对焦点扩展（十字）**模式时的显示屏

▲ 选择**自动对焦点扩展（周围）**模式时的显示屏

◀ 在拍摄在游泳池中扬水的模特时，模特的动作会有小幅度的运动范围，此时就可以使用"自动对焦点扩展（周围）"模式进行拍摄『焦距：70mm┊光圈：F4┊快门速度：1/500s┊感光度：ISO200』

手动选择：区域自动对焦

在此模式下，相机的 61 个自动对焦点被划分为 9 个区域，每个区域中分布了 9 个或 12 个对焦点，当选择某个区域进行对焦时，则此区域内的对焦点将自动进行对焦（类似"自动选择：61 点自动对焦"模式的工作方式）。

▲ 选择**手动选择：区域自动对焦**模式时的显示屏

▲ 采用"手动选择：区域自动对焦"模式选择不同区域时的状态

手动选择：大区域自动对焦

在此模式下，相机的 61 个自动对焦点被划分为左、中、右三个对焦区域，每个区域中分布有 20 个或 21 个对焦点。由于此对焦模式的对焦区域比区域自动对焦更大，因此更易于捕捉运动的主体。但使用此对焦模式时，相对只会自动将焦点对焦于距离相机更近的被摄体区域上，因此无法精准指定对焦位置。

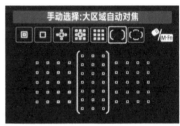

▲ 选择**手动选择：大区域自动对焦**模式时的显示屏

▲ 采用大区域自动对焦模式选择不同区域时的状态

自动选择：61 点自动对焦

61 点自动对焦是最简单的自动对焦区域模式，此时将完全由相机决定对哪些对象进行对焦（相机总体上倾向于对距离镜头最近的主体进行对焦），在主体位于前面或对对焦要求不高的情况下较为适用，如果是较严谨的拍摄，建议根据需要选择其他自动对焦区域模式。

▲ 选择**自动选择：61 点自动对焦**模式时的显示屏

高手点拨：使用"自动选择61自动对焦"模式时，在单次自动对焦模式下，对焦成功后将显示所有成功对焦的对焦点；在人工智能伺服自动对焦模式下，将优先选择"初始AF点，人工智能伺服AF"菜单中设定的人工智能伺服自动对焦的起始自动对焦点。

手选对焦点 / 对焦区域的方法

在 P、Av、Tv 及 M 模式下，除"自动选择：61 点自动对焦"模式外，其他 6 种自动对焦区域模式都支持手动选择对焦点或对焦区域，以便根据对焦需要进行选择。

在选择对焦点 / 对焦区域时，先按下机身上的自动对焦点选择按钮 ⊞，然后在液晶监视器上使用多功能控制钮在 8 个方向上设置对焦点的位置，如果垂直按下多功能控制钮，则可以选择中央对焦点 / 区域。

另外，转动主拨盘可以在水平方向上切换对焦点，转动速控转盘可以在垂直方向上切换对焦点。

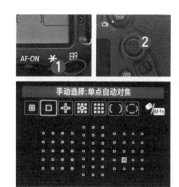

▶ 设定方法

按下相机背面右上方的自动对焦点选择按钮 ⊞，然后按多功能控制钮 ✳ 调整对焦点或对焦区域的位置

▲ 采用手选对焦点的方式拍摄，保证了对人物的灵魂——眼睛进行准确的对焦『焦距：85mm ┊ 光圈：F1.4 ┊ 快门速度：1/160s ┊ 感光度：ISO160』

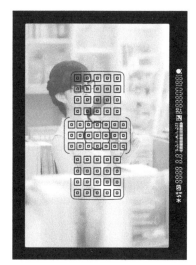

▲ 手选对焦点示意图

设置自动对焦点数量

虽然 Canon EOS 5D Mark Ⅳ提供了多达 61 个对焦点，但并非拍摄所有题材时都需要使用这么多的对焦点，我们可以根据实际拍摄需要选择可用的自动对焦点数量。

例如在拍摄人像时，使用 15 个甚至 9 个对焦点就已经完全可以满足拍摄需求了，同时也可以避免由于对焦点过多而导致手选对焦点时过于复杂的问题。

设定步骤

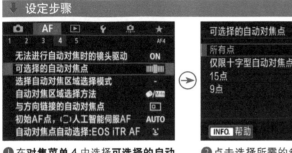 

❶ 在**对焦菜单 4 中选择可选择的自动对焦点**选项

❷ 点击选择所需的参数选项，然后点击 SET OK 图标确定

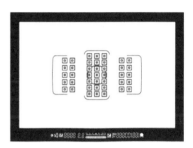

▲ 61 个自动对焦点

▲ 仅限十字形自动对焦点

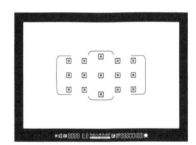

▲ 15 个自动对焦点

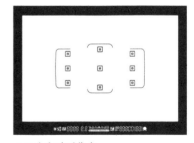

▲ 9 个自动对焦点

◀ 对于人像摄影而言，采用 15 个或 9 个对焦点就完全可以满足拍摄需求了，因此可以选择"15 点"或"9 点"选项，以免选择的时候过于麻烦『焦距：85mm ┊光圈：F1.8 ┊快门速度：1/2500s ┊感光度：ISO400』

设置自动对焦点自动选择

EOS iTR AF 是一种较为先进的对焦功能，在此功能处于开启的状态下，相机不仅可以轻松地识别人物的面部，并且也可以记住开始对焦位置的被摄体颜色，然后通过切换自动对焦点追踪此颜色，以保持合焦状态。

在对焦区域模式设置为区域自动对焦、大区域自动对焦及 61 点自动对焦三种模式下时，用户可以通过"自动对焦点自动选择：EOS iTR AF"，来设置是否使用此功能。

● EOS iTR AF（面部优先）：选择此选项，相机不仅会根据自动对焦信息选择对焦点，还可以根据人脸和被摄体的色彩信息自动选择自动对焦点。当使用"人工智能伺服自动对焦模式"拍摄时，选择此选项，比选择为"EOS iTR AF"选项，更容易对被摄体追焦。而与常规的根据自动对焦信息的对焦方式相比，也会更加容易持续追踪对焦被摄体。当使用"单次自动对焦模式"拍摄时，选择此选项，相机会优先对焦人脸，因此摄影师可以更专心地放在构图上。

● EOS iTR AF：此选项与" EOS iTR AF（面部优先）"选项基本相同。不同的是当使用"人工智能伺服自动对焦模式"追踪被摄体时，除了会记录面部信息之外，还会参考第一个合焦位置（即初始的自动对焦点所在的位置）的信息。而使用"单次自动对焦模式"则与"EOS iTR AF（面部优先）"选项相同。

● 关闭：选择此选项，则按常规方式进行自动对焦。

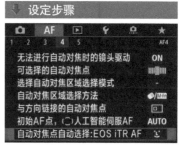

❶ 在**对焦菜单 4** 中选择**自动对焦点自动选择：EOS iTR AF** 选项

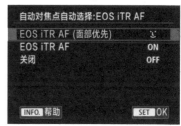

❷ 点击选择所需的参数选项，然后点击 [SET OK] 图标确定

▼ 在拍摄环境人像照片时，摄影师可以设置为单次自动对焦模式、61 点自动选择对焦区域模式，然后在此菜单中选择"EOS iTR AF（面部优先）"选项，便可以方便、快速地对人脸进行对焦『焦距：70mm ┊光圈：F2.8 ┊快门速度：1/320s ┊感光度：ISO100』

与方向链接的自动对焦点

在水平或垂直方向切换拍摄时，常常遇到的一个问题就是，在切换至不同的方向时，会使用不同的自动对焦区域选择模式及对焦点/区域的位置，此时，就可以在此菜单中指定横拍与竖拍时的对焦点位置。

●水平/垂直方向相同：选择此选项，无论如何在横拍与竖拍之间进行切换，对焦点都不会发生变化。

●不同的自动对焦点（区域＋点）：选择此选项，将允许针对3种情况来设置自动对焦区域选择模式以及对焦点/区域的位置，即水平、垂直（相机手柄朝上）、垂直（相机手柄朝下）。当改变相机方向时，相机会切换到为该方向设定的自动对焦区域选择模式和手动选择的自动对焦点（或区域）。

●不同的自动对焦点（仅限点）：选择此选项，即为水平、垂直（相机手柄朝上）、垂直（相机手柄朝下）分别设定自动对焦点。当改变相机方向时，相机会切换到设定好的自动对焦点。在拍摄期间，即使改为"定点自动对焦""单点自动对焦""扩展自动对焦区域（十字）或"扩展自动对焦区域（周围）等自动对焦区域选择模式，为各方向设定的自动对焦点也会被保留。如果选择"区域自动对焦"或"大区域自动对焦"模式，会按相机方向自动切换区域位置。

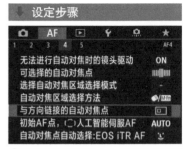

❶在**自动对焦菜单4**中选择**与方向链接的自动对焦点**选项

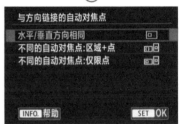

❷点击选择所需选项，然后点击 SET OK 图标确定

对焦时自动对焦点显示

此菜单用于控制对焦过程中自动对焦点是否在取景器中显示以及显示的方式等。

●选定（持续显示）：选择此选项，将在取景器中持续显示当前选中的对焦点。

●全部（持续显示）：选择此选项，将在取景器中持续显示全部的对焦点。

●选定（自动对焦前，合焦时）：选择此选项，将在手选对焦点、相机拍摄就绪时及对焦成功后，显示正在工作的自动对焦点。

●选定的自动对焦点（合焦时）：选择此选项，将在手选对焦点、开始自动对焦及对焦成功时显示自动对焦点。

●关闭显示：选择此选项，除了在手选对焦点时，其他情况下将不会在取景器中显示自动对焦点。

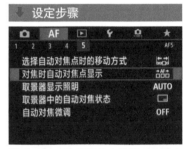

❶在**自动对焦菜单5**中选择**对焦时自动对焦点显示**选项

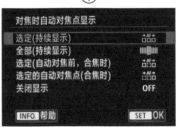

❷点击选择不同的参数选项，然后点击 SET OK 图标确定

设置驱动模式以拍摄运动或静止的对象

　　针对不同的拍摄任务，需要将快门设置为不同的驱动模式。例如，要抓拍高速移动的物体，为了保证成功率，通过设置可以使相机按下一次快门后，能够连续拍摄多张照片。

　　Canon EOS 5D Mark Ⅳ提供了单拍□、高速连拍❑H、低速连拍❑、静音单拍□S、静音连拍❑S、10 秒自拍 / 遥控❺、2 秒自拍 / 遥控❺₂等驱动模式，下面分别讲解它们的使用方法。

▶ 设定方法
按住 DRIVE 按钮，然后转动速控转盘可选择不同的驱动模式

单拍模式

　　在此模式下，每次按下快门时，都只拍摄一张照片。单拍模式适用于拍摄静态对象，如风光、建筑、静物等题材。

　　静音单拍的操作方法和拍摄题材与单拍模式基本类似，但由于使用静音单拍时相机发出的声音更小，因此更适合在较安静的场所进行拍摄，或拍摄易于被相机快门声音惊扰的对象。

▲ 使用单拍驱动模式拍摄的各种题材列举

连拍模式

在连拍模式下，每次按下快门时将连续拍摄多张照片。Canon EOS 5D Mark Ⅳ提供了 3 种连拍模式，高速连拍模式（Q_H）的最高连拍速度能够达到约 7 张 / 秒；低速连拍模式（Q_I）的最高连拍速度能达到约 3 张 / 秒；静音连拍模式（Q_IS）的最高连拍速度能达到约 3 张 / 秒。

连拍模式适用于拍摄运动的对象，当将被摄对象的连续动作全部抓拍下来以后，可以从中挑选满意的画面。

▲ 使用连拍驱动模式抓拍小鸟进食的精彩画面

Q：为什么相机能够连续拍摄？

A：因为 Canon EOS 5D Mark Ⅳ有临时存储照片的内存缓冲区，因而在记录照片到存储卡的过程中可继续拍摄，受内存缓冲区大小的限制，最多可持续拍摄照片的数量是有限的。

Q：弱光环境下，连拍速度是否会变慢？

A：连拍速度在以下情况可能会变慢：当剩余电量较低时，连拍速度会下降；当开启了防闪烁、全像素双核 RAW、数码镜头优化等功能时，连拍速度会下降；在人工智能伺服自动对焦模式下，因主体和使用的镜头不同，连拍速度可能会下降；当选择了"高 ISO 感光度降噪功能"或在弱光环境下，即使设置了较高的快门速度，连拍速度也可能变慢。

Q：连拍时快门为什么会停止释放？

A：在最大连拍数量少于正常值时，如果相机在中途停止连拍，可能是"高 ISO 感光度降噪功能"被设置为"强"导致的，此时应该选择"标准""弱"或"关闭"选项。因为当启用"高 ISO 感光度降噪功能"时，相机将花费更多的时间进行降噪处理，因此将数据转存到存储空间的耗时会更长，相机在连拍时更容易被中断。

自拍模式

　　Canon EOS 5D Mark Ⅳ相机提供了两种自拍模式，可满足不同的拍摄需求。

　　●10 秒自拍 / 遥控：在此驱动模式下，可以在 10 秒后进行自动拍摄。此驱动模式支持与遥控器搭配使用。

　　●2 秒自拍 / 遥控：在此驱动模式下，可以在 2 秒后进行自动拍摄。此驱动模式也支持与遥控器搭配使用。

　　值得一提的是，所谓的"自拍"驱动模式并非只能用于给自己拍照。例如，在需要使用较低的快门速度拍摄时，我们可以将相机置于一个稳定的位置，并进行变焦、构图、对焦等操作，然后通过设置自拍驱动模式的方式，避免手按快门产生震动，进而拍出满意的照片。

▶ 使用自拍模式可以代替快门线，在长时间曝光拍摄水流时，可以避免手按快门导致画面模糊的情况出现『焦距：16mm ┊光圈：F14 ┊快门速度：2s ┊感光度：ISO100』

▼ 使用自拍模式能够为自己拍出漂亮的写真照片『焦距：35mm ┊光圈：F5 ┊快门速度：1/160s ┊感光度：ISO100』

利用反光镜预升避免相机产生震动

使用反光镜预升功能可以有效地避免由于相机震动而导致的图像模糊。在该菜单中选择所需的选项，然后再对拍摄对象对焦，完全按下快门后释放，这时反光镜已经升起，再次按下快门或经过几秒即可进行拍摄。拍摄完成后反光镜将自动落下。

●关闭：选择此选项，反光镜不会预先升起。

●启用：选择此选项，完全按下快门按钮将升起反光镜，再次完全按下快门则拍摄照片。

 高手点拨：当快门速度在1/30～1/8秒之间或需要更长的曝光时间，使用长焦镜头或进行微距拍摄时，建议启用"反光镜预升"功能，以减轻机震对成像质量的影响。但要注意的是，由于反光镜被升起，相机的图像感应器将会直接裸露在光线中，因此要尽量避免太阳或强光的直射，否则可能会损坏感光元件。另外，"反光镜预升"功能会影响拍摄速度，所以通常情况下建议将其设置为"关闭"，需要时再启用。

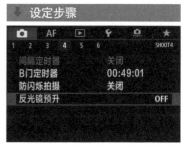

❶ 在**拍摄菜单 4** 中选择**反光镜预升**选项

❷ 点击选择**启用**或**关闭**选项，然后点击 SET OK 图标确定

▼ 在拍摄微距照片时，使用"反光镜预升"功能可以在一定程度上确保得到更清晰的照片 『焦距：100mm ┊ 光圈：F11 ┊ 快门速度：1/60s ┊ 感光度：ISO160 』

设置测光模式以获得准确的曝光

要想准确曝光，前提是必须做到准确测光，在使用除手动及 B 门以外的所有曝光模式拍摄时，都需要根据测光模式确定曝光组合。例如，在光圈优先曝光模式下，在指定了光圈及 ISO 感光度数值后，可根据不同的测光模式确定快门速度值，以满足准确曝光的需求。因此，选择一个合适的测光模式，是获得准确曝光的重要前提。

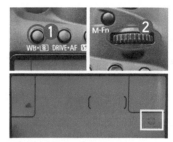

▶ 设定方法
按住 **WB·⊡** 按钮，然后转动主拨盘 💿 即可在 4 种测光方式之间进行切换

评价测光 ⊡

评价测光是最常用的测光模式，在场景智能自动曝光模式下，相机默认采用的就是评价测光模式。采用该模式测光时，相机会将画面分为 252 个区进行平均测光，此模式最适合拍摄日常及风光题材的照片。

值得一提的是，该测光模式在手选单个对焦点的情况下，对焦点可以与测光点联动，即对焦点所在的位置为测光的位置，在拍摄时善加利用这一点，可以为我们带来更大的便利。

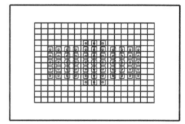

▲ 评价测光模式示意图

▼ 使用评价测光模式拍摄的风景照片，画面中没有明显的明暗对比，可以获得曝光正常的画面效果『焦距：24mm ┆光圈：F16 ┆快门速度：1/50s ┆感光度：ISO200 』

中央重点平均测光 [ ]

在中央重点平均测光模式下，测光会偏向取景器的中央部位，但也会同时兼顾其他部分的亮度。由于测光时能够兼顾其他区域的亮度，因此该模式既能实现画面中央区域的精准曝光，又能保留部分背景的细节。

这种测光模式适合拍摄主体位于画面中央位置的场景，如人像、建筑物、背景较亮的逆光对象等。

▲ 人物处于画面的中心位置，使用中央重点平均测光模式，可以使画面中主体人物获得准确的曝光『焦距：85mm ┆光圈：F3.5 ┆快门速度：1/250s ┆感光度：ISO200』

▲ 中央重点平均测光模式示意图

局部测光 [ ]

局部测光的测光区域约占画面比例的 6.1%。当主体占据画面面积较小，又希望获得准确的曝光时，可以尝试使用该测光模式。

▲ 局部测光模式示意图

▲ 使用局部测光模式，以较小的区域作为测光范围，从而获得精确的测光结果『焦距：100mm ┆光圈：F5 ┆快门速度：1/500s ┆感光度：ISO250』

点测光 [◦]

点测光也是一种高级测光模式，相机只对画面中央区域的很小部分（也就是光学取景器中央对焦点周围约 1.3% 的小区域）进行测光，因此具有相当高的准确性。当主体和背景的亮度差较大时，最适合使用点测光模式拍摄。

由于点测光的测光面积非常小，因此在实际使用时，可以直接将对焦点设置为中央对焦点，这样就可以实现对焦与测光的同步工作了。

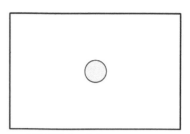

▲ 点测光模式示意图

▲ 使用点测光模式对夕阳周围的天空进行测光，使用逆光将桥拍成剪影效果，增强了画面的形式美感『焦距：120mm ┊ 光圈：F8 ┊ 快门速度：1/2000s ┊ 感光度：ISO200 』

Chapter

04

灵活运用曝光

拍出好照片

场景智能自动曝光模式

　　场景智能自动曝光模式在 Canon EOS 5D Mark Ⅳ 的模式转盘上显示为 🄰⁺。在光线充足的情况下，使用该模式可以拍出效果不错的照片。在场景智能自动曝光模式下，对焦后可以锁定焦点，然后再进行重新构图和拍摄；如果对焦时或者对焦后主体发生了移动，"人工智能伺服自动对焦"功能将会被启动，以便对主体进行持续对焦。

　　在场景智能自动曝光模式下，快门速度、光圈等参数全部由相机自动设定，拍摄者无法主动控制成像效果。

▶ 设定方法
　　按下模式转盘解锁按钮不放，然后转动模式转盘，使 🄰⁺ 图标对齐右侧的白色标志处

◀ 在光线条件不错的情况下，使用场景智能自动曝光模式也能拍出不错的照片『焦距：18mm ┊ 光圈：F8 ┊ 快门速度：1/500s ┊ 感光度：ISO200』

高级曝光模式

高级曝光模式允许摄影师根据拍摄题材和表现意图自定义大部分甚至全部拍摄参数，从而获得个性化的画面效果，下面分别讲解 Canon EOS 5D Mark Ⅳ 高级曝光模式的功能及使用技巧。

程序自动曝光模式 P

在此拍摄模式下，相机基于一套算法来确定光圈与快门速度组合。通常，相机会自动选择一个适合手持拍摄并且不受相机抖动影响的快门速度，同时还会调整光圈以得到合适的景深，确保所有景物都能清晰呈现。

如果使用的是 EF 镜头，相机会自动获知镜头的焦距和光圈范围，并据此信息确定最优曝光组合。使用程序自动曝光模式拍摄时，摄影师仍然可以设置 ISO 感光度、白平衡、曝光补偿等参数。此模式的最大优点是操作简单、快捷，适合拍摄快照或那些不用十分注重曝光控制的场景，例如新闻、纪实摄影或进行偷拍、自拍等。

在实际拍摄中，相机自动选择的曝光设置未必是最佳组合。例如，摄影师可能认为按此快门速度手持拍摄不够稳定，或者希望用更大的光圈，此时可以利用程序偏移功能进行调整。

在 P 模式下，半按快门按钮，然后转动主拨盘直到显示所需要的快门速度或光圈数值，虽然光圈与快门速度数值发生了变化，但这些数值组合在一起仍然能够获得同样的曝光量。

在操作时，如果向右旋转主拨盘可以获得模糊背景细节的大光圈（低 F 值）或"锁定"动作的高速快门曝光组合；如果向左旋转主拨盘可获得增加景深的小光圈（高 F 值）或模糊动作的低速快门曝光组合。

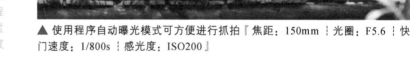

▲ 使用程序自动曝光模式可方便进行抓拍『焦距：150mm ¦ 光圈：F5.6 ¦ 快门速度：1/800s ¦ 感光度：ISO200』

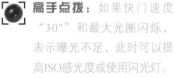

▶ 设定方法
按下模式转盘解锁按钮不放，然后将模式转盘转至 P 图标。在程序自动模式下，用户可以通过转动主拨盘 来选择快门速度和光圈的不同组合

高手点拨：如果快门速度"30""和最大光圈闪烁，表示曝光不足，此时可以提高ISO感光度或使用闪光灯。

高手点拨：如果快门速度"8000"和最小光圈闪烁，表示曝光过度，此时可以降低ISO感光度或使用中灰（ND）滤镜，以减少镜头的进光量。

快门优先曝光模式Tv

在此拍摄模式下，用户可以转动主拨盘从 30 秒至 1/8000 秒之间选择所需快门速度，然后相机会自动计算光圈的大小，以获得正确的曝光组合。

较高的快门速度可以凝固动作或者移动的主体；较慢的快门速度可以形成模糊效果，从而获得动感效果。

设定方法

按下模式转盘解锁按钮不放，然后将模式转盘转至 Tv 图标。在快门优先曝光模式下，用户可以转动主拨盘 调整快门速度数值

▲ 用快门优先曝光模式抓拍到鸟儿起飞的精彩瞬间『焦距：600mm ┊ 光圈：F5.6 ┊ 快门速度：1/2500s ┊ 感光度：ISO200』

高手点拨：如果最大光圈值闪烁，表示曝光不足。需要转动主拨盘设置较低的快门速度，直到光圈值停止闪烁；也可以通过设置一个较高的ISO感光度数值来解决此问题。

▲ 用快门优先曝光模式将流水拍出如丝般柔顺的效果『焦距：24mm ┊ 光圈：F16 ┊ 快门速度：1.5s ┊ 感光度：ISO100』

高手点拨：如果最小光圈值闪烁，表示曝光过度。需要转动主拨盘设置较高的快门速度，直到光圈值停止闪烁；也可以通过设置一个较低的ISO感光度数值来解决此问题。

光圈优先曝光模式 Av

在光圈优先曝光模式下，相机会根据当前设置的光圈大小自动计算出合适的快门速度。使用光圈优先曝光模式可以控制画面的景深，在同样的拍摄距离下，光圈越大，则景深越小，即画面中的前景、背景的虚化效果就越好；反之，光圈越小，则景深越大，即画面中的前景、背景的清晰度就越高。

设定方法

按下模式转盘解锁按钮不放，然后将模式转盘转至 Av 图标。在光圈优先曝光模式下，可以转动主拨盘调节光圈数值

高手点拨：当光圈过大而导致快门速度超出了相机的极限时，如果仍然希望保持该光圈，可以尝试降低ISO感光度的数值，或使用中灰滤镜降低光线的进入量，从而保证画面曝光准确。

▲ 使用光圈优先曝光模式并配合大光圈的运用，可以得到非常漂亮的背景虚化效果，这也是人像摄影中很常见的一种表现形式『焦距：85mm ┊ 光圈：F2.8 ┊ 快门速度：1/500s ┊ 感光度：ISO100 』

▼ 使用小光圈拍摄的夜景风光，画面不仅有足够大的景深，而且灯光呈现为漂亮的星光『焦距：17mm ┊ 光圈：F16 ┊ 快门速度：10s ┊ 感光度：ISO100 』

全手动曝光模式 M

在全手动曝光模式下，所有拍摄参数都需要摄影师手动进行设置，使用此模式拍摄有以下优点。

首先，使用 M 挡全手动曝光模式拍摄时，当摄影师设置好恰当的光圈、快门速度数值后，即使移动镜头进行再次构图，光圈与快门速度的数值也不会发生变化。

其次，使用其他曝光模式拍摄时，往往需要根据场景的亮度，在测光后进行曝光补偿操作；而在 M 挡全手动曝光模式下，由于光圈与快门速度的数值都是由摄影师设定的，因此设定的同时就可以将曝光补偿考虑在内，从而省略了曝光补偿的设置过程。因此，在全手动曝光模式下，摄影师可以按自己的想法让影像曝光不足，以使照片显得较暗，给人忧伤的感觉；或者让影像稍微过曝，拍摄出明快的高调照片。

另外，当在摄影棚拍摄并使用了频闪灯或外置非专用闪光灯时，由于无法使用相机的测光系统，而需要使用测光表或通过手动计算来确定正确的曝光值，此时就需要手动设置光圈和快门速度，从而实现正确的曝光。

▶ 在影楼中拍摄人像常使用全手动曝光模式，由于光线稳定，基本上不需要调整光圈和快门速度，只需要改变焦距和构图即可

当前曝光量标志　标准曝光量标志

高手点拨：在改变光圈或快门速度时，曝光量标志会左右移动，当曝光量标志位于标准曝光量标志的位置时，能获得相对准确的曝光

▶ **设定方法**

在全手动曝光模式下，转动主拨盘可以调节快门速度值，转动速控转盘可以调节光圈值

『焦距：40mm 光圈：F8 快门速度：1/125s 感光度：ISO200』

B门曝光模式

B门曝光模式在 Canon EOS 5D Mark Ⅳ的模式转盘上显示为"B"。将模式转盘转至 B 位置后,注视液晶屏的同时转动主拨盘✧或速控转盘〇设置所需的光圈值,持续地完全按下快门按钮将使快门一直处于打开状态,直到松开快门按钮时快门被关闭,即完成整个曝光过程,因此曝光时间取决于快门按钮被按下与被释放的过程。

由于使用这种曝光模式拍摄时,可以持续地长时间曝光,因此特别适合拍摄光绘、天体、焰火等需要长时间曝光并手动控制曝光时间的题材。

需要注意的是,使用 B 门模式拍摄时,为了避免所拍摄的照片模糊,应该使用三脚架及遥控快门线辅助拍摄,若不具备条件,至少也要将相机放置在平稳的水平面上。

在使用 Canon EOS 5D Mark Ⅳ相机的 B 门模式拍摄时,可以在"B门定时器"菜单中,预设 B 门曝光的曝光时间,预设好拍摄所需要的曝光时间后,按下快门按钮,将开始曝光,在曝光期间可以松开手而不需要按住快门,以减少操作相机的抖动,当曝光达到所设定的时间后,则结束拍摄。

▶ 设定方法

按下模式转盘解锁按钮不放,然后将模式转盘转至 B 图标。在 B 门模式下,可以转动主拨盘✧调整光圈值

▲ 这幅拍摄了 42 分钟的照片,捕捉到了星星运动的轨迹,而如此长的曝光时间,也只有在 B 门模式下才可以完成『焦距:20mm ┊光圈:F4 ┊快门速度:2513s ┊感光度:ISO200 』

设定步骤

❶ 在**拍摄菜单 4** 中选择 **B 门定时器**选项

❷ 点击选择**启用**选项,然后点击 INFO. 详细设置 图标进入调节曝光时间界面

❸ 点击选择所需数字框,然后点击▲或▼图标选择数值,设定完成后点击选择**确定**选项

自定义拍摄模式（C）

Canon EOS 5D Mark Ⅳ相机提供了 3 个自定义拍摄模式，即 C1、C2 和 C3。在 C 模式下，相机会使用用户自定义的拍摄参数进行拍摄，可自定义的拍摄参数包括拍摄模式、ISO 感光度、自动对焦模式、自动对焦点、测光模式、图像画质、白平衡等。

▲ 自定义拍摄模式图标

可以事先将这些拍摄参数设置好，以应对某一特定的拍摄题材。例如，若经常需要拍摄夜景，则可以将拍摄模式设置为 B 门、开启长时间曝光降噪功能、将色温调整至 2800K，这样就能够轻松地拍摄出画面纯净、灯光璀璨的蓝调夜景。

▼ 将拍摄高调雪景需要的参数定义到 C1 模式上，以便于下一次快速调用相同的参数进行拍摄『焦距：20mm ┊ 光圈：F10 ┊ 快门速度：1/80s ┊ 感光度：ISO400 』

注册自定义拍摄模式

Canon EOS 5D Mark Ⅳ相机提供了 3 个自定义拍摄模式，摄影师可以使用了这个自定义拍摄模式，快速拍摄固定题材的照片。

在注册时，先要在相机中设定要注册到 C 模式中的功能，如拍摄模式、曝光组合、ISO 感光度、自动对焦模式、自动对焦点、测光模式、驱动模式、曝光补偿量、闪光补偿量等。然后，按右图所示的操作步骤进行操作即可。

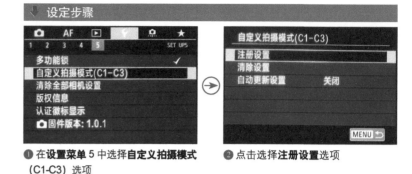

❶ 在**设置菜单** 5 中选择**自定义拍摄模式**（C1-C3）选项

❷ 点击选择**注册设置**选项

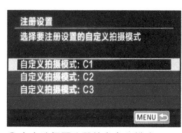

❸ 点击选择要注册的自定义模式

❹ 点击选择**确定**选项

清除设置

如果要重新设置 C 模式注册的参数，可以先将其清除，其操作方法如右图所示。

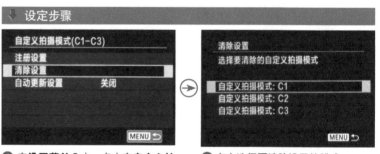

❶ 在**设置菜单** 5 中，点击在**自定义拍摄模式**（C1-C3）中选择**清除设置**选项

❷ 点击选择要清除设置的模式

自动更新设置

若将"自动更新设置"选项设置为"启用"，则在使用自定义拍摄模式时，用户所修改的拍摄参数，将自动保存至当前的自定义拍摄模式中。

❶ 在**设置菜单** 4 中，在**自定义拍摄模式**（C1-C3）中点击选择**自动更新设置**选项

❷ 点击选择**关闭**或**启用**选项

Chapter **05**

拍出佳片必须掌握
的高级曝光技巧

利用柱状图准确判断曝光情况

柱状图的作用

柱状图是相机曝光所捕获的影像色彩或影调的信息，是一种反映照片曝光情况的图示。

通过查看柱状图所呈现的效果，可以帮助拍摄者判断曝光情况，并据此判断是否进行相应调整，以得到最佳曝光效果。另外，采用实时显示模式拍摄时，通过柱状图可以检测画面的成像效果，给拍摄者提供重要的曝光信息。

很多摄影爱好者都会陷入这样一个误区，液晶监视器中显示的影像很棒，便以为真正的曝光效果也会不错，但事实并非如此。这是由于很多相机的液晶监视器还处于出厂时的默认状态，液晶监视器的对比度和亮度都比较高，令摄影师误以为拍摄到的影像很漂亮，倘若不看柱状图，往往会感觉照片曝光正合适，但在电脑屏幕上观看时，却发现拍摄时感觉还不错的照片，暗部层次却丢失了，即使是使用后期处理软件挽回部分细节，效果也不是太好。

因此，在拍摄时要随时查看照片的柱状图，这是唯一值得信赖的判断曝光是否正确的依据。

▼ 柱状图呈现出山峰一样的形态，主峰位于中间调的区域，且不存在死黑或死白的区域，说明此照片为曝光正常图像『焦距：200mm ┊光圈：F5.6 ┊快门速度：1/500s ┊感光度：ISO100』

▶ 设定方法

按下播放按钮并转动速控转盘选择照片，然后按下 INFO. 按钮切换至拍摄信息显示界面，即可查看照片的柱状图，向下倾斜多功能控制钮可以查看 RGB 柱状图

高手点拨：柱状图只是我们评价照片曝光是否准确的重要依据，而非评价好照片的依据，在特殊的表现形式下，曝光过度或曝光不足都可以呈现出独特的视觉效果，因此不能以此作为评价照片优劣的标准。

认识三种典型的柱状图

柱状图的横轴表示亮度等级（从左至右分别对应黑与白），纵轴表示图像中各种亮度像素数量的多少，峰值越高则表示这个亮度的像素数量就越多。

所以，拍摄者可通过观看柱状图的显示状态来判断照片的曝光情况，若出现曝光不足或曝光过度，调整曝光参数后再进行拍摄，即可获得一张曝光准确的照片。

曝光过度的柱状图

当照片曝光过度时，画面中会出现死白的区域，很多细节都丢失了，反映在柱状图上就是像素主要集中于横轴的右端（最亮处），并出现像素溢出现象，即高光溢出，而左侧较暗的区域则无像素分布，故该照片在后期无法补救。

曝光准确的柱状图

当照片曝光准确时，画面的影调较为均匀，且高光、暗部或阴影处均无细节丢失，反映在柱状图上就是在整个横轴上从最黑的左端到最白的右端都有像素分布，后期可调整余地较大。

曝光不足的柱状图

当照片曝光不足时，画面中会出现无细节的死黑区域，丢失了过多的暗部细节，反映在柱状图上就是像素主要集中于横轴的左端（最暗处），并出现像素溢出现象，即暗部溢出，而右侧较亮区域少有像素分布，故该照片在后期也无法补救。

▲ 曝光过度

▲ 曝光准确

▲ 曝光不足

辩证分析柱状图

在使用柱状图判断照片的曝光情况时，不可死搬硬套前面所讲述的理论，因为高调或低调照片的柱状图看上去与曝光过度或曝光不足画面的柱状图很像，但这些照片并非曝光过度或曝光不足，这一点从下面展示的两张照片及其相应的柱状图中就可以看出来。

因此，检查柱状图后，要视具体拍摄题材和所要表现的画面效果灵活调整曝光参数。

▲ 拍摄大面积积雪的画面，直方图中的线条主要分布在右侧，但这幅作品是典型的高调效果，所以应与其他曝光过度照片的直方图区别看待『焦距：40mm ┊ 光圈：F14 ┊ 快门速度：1/125s ┊ 感光度：ISO400』

▲ 这是一张夜晚燃放烟花的照片，深蓝色的天空与水面，将夜空下绽放的烟花表现得很突出，由于这幅照片大部分偏深色，因而是一张暗调照片『焦距：17mm ┊ 光圈：F16 ┊ 快门速度：10s ┊ 感光度：ISO100』

设置曝光补偿以获得准确的曝光

曝光补偿的含义

曝光补偿是指在现有曝光结果的基础上进行曝光（也可以直观理解为亮度）的增减。

曝光补偿通常用类似"±nEV"的方式来表示，"+1EV"是指在自动曝光的基础上增加 1 挡曝光；"-1EV"是指在自动曝光的基础上减少 1 挡曝光，依此类推。Canon EOS 5D Mark IV 的曝光补偿范围为 -5.0~+5.0EV，并以 1/3 级或 1/2 级为单位进行调节。

要注意的是，在取景器和液晶显示屏中，只能显示 ±3EV 的调整范围，如果要设置超过 ±3EV 的曝光补偿，则要在液晶监视器中进行调整。

▶ 设定方法

在 P、Tv、Av 模式下，半按快门查看取景器曝光量指示标尺，然后转动速控转盘〇即可调节曝光补偿值

调整曝光补偿前

增加曝光补偿后

▶ 在自动测光的基础上增加 2/3 挡左右的曝光补偿，可使人物的皮肤显得更白皙『焦距：85mm ┆ 光圈：F2.8 ┆ 快门速度：1/400s ┆ 感光度：ISO100 』

增加曝光补偿还原白色雪景

很多摄影初学者在拍摄雪景时，往往会把白雪拍摄成灰色，主要问题就是在拍摄时没有设置曝光补偿。

由于雪对光线的反射十分强烈，因此会导致相机的测光结果出现较大的偏差。而如果能在拍摄前增加一挡左右曝光补偿（具体曝光补偿的数值要视雪景的面积而定，雪景面积越大，曝光补偿的数值也应越大），就可以拍摄出色彩洁白的雪景。

▲ 在拍摄时增加 1 挡曝光补偿，使雪的颜色显得很白『焦距：16mm ┊ 光圈：F10 ┊ 快门速度：1/400s ┊ 感光度：ISO200 』

▲ 取景器中游标靠右

降低曝光补偿还原纯黑

当拍摄主体位于黑色背景前时，按相机默认的测光结果拍摄，黑色往往显得有些灰旧。为了得到纯黑的背景，需要使用曝光补偿功能来适当降低曝光量，以此来得到想要的效果（具体曝光补偿的数值要视暗调背景的面积而定，面积越大，曝光补偿的数值也应越大）。

▲ 取景器中游标靠左

在拍摄时减少了 0.3 挡曝光补偿，从而获得了纯黑色的背景，花朵在画面中显得特别突出『焦距：200mm ┊ 光圈：F5.6 ┊ 快门速度：1/320s ┊ 感光度：ISO200 』

正确理解曝光补偿

许多摄影初学者在刚接触曝光补偿时，以为使用曝光补偿可以在曝光参数不变的情况下，提亮或加暗画面，这实际上是错误的。

实际上，曝光补偿是通过改变光圈或快门速度来提亮或加暗画面的，即在光圈优先曝光模式下，如果增加曝光补偿，相机实际上是通过降低快门速度来实现的；反之，则通过提高快门速度来实现。在快门优先曝光模式下，如果增加曝光补偿，相机实际上是通过增大光圈来实现的（当光圈达到镜头所标示的最大光圈时，曝光补偿就不再起作用）；反之，则通过缩小光圈来实现。

下面通过两组照片及其拍摄参数来佐证这一点。

▲ 焦距：50mm 光圈：F3.2 快门速度：1/8s 感光度：ISO100 曝光补偿：-0.3

▲ 焦距：50mm 光圈：F3.2 快门速度：1/6s 感光度：ISO100 曝光补偿：0

▲ 焦距：50mm 光圈：F3.2 快门速度：1/4s 感光度：ISO100 曝光补偿：+0.3

▲ 焦距：50mm 光圈：F3.2 快门速度：1/2s 感光度：ISO100 曝光补偿：+0.7

从上面展示的 4 张照片中可以看出，在光圈优先曝光模式下，改变曝光补偿实际上是改变了快门速度。

▲ 焦距：50mm 光圈：F4 快门速度：1/4s 感光度：ISO100 曝光补偿：-0.3

▲ 焦距：50mm 光圈：F3.5 快门速度：1/4s 感光度：ISO100 曝光补偿：0

▲ 焦距：50mm 光圈：F3.2 快门速度：1/4s 感光度：ISO100 曝光补偿：+0.3

▲ 焦距：50mm 光圈：F2.5 快门速度：1/4s 感光度：ISO100 曝光补偿：+0.7

从上面展示的 4 张照片中可以看出，在快门优先曝光模式下，改变曝光补偿实际上是改变了光圈大小。

Q：为什么有时即使不断增加曝光补偿，所拍摄出来的画面仍然没有变化？

A：发生这种情况，通常是由于曝光组合中的光圈值已经达到了镜头的最大光圈导致的。

设置曝光等级增量控制调整幅度

在"曝光等级增量"菜单中可以设置光圈、快门速度、感光度及曝光补偿等数值的变化幅度，可以选择"1/3 级"或"1/2 级"。选定之后相机将以选定的幅度增加或减少曝光量。

● 1/3 级：选择此选项，每调整一级则曝光量以 +1/3EV 或 −1/3EV 的幅度发生变化。

● 1/2 级：选择此选项，每调整一级则曝光量以 +1/2EV 或 −1/2EV 的幅度发生变化。

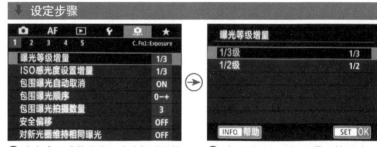

❶ 在**自定义功能菜单 1** 中选择**曝光等级增量**选项

❷ 点击选择一个选项，然后点击 SET OK 图标确定

 高手点拨：很显然，以"1/3级"来调整比以"1/2级"调整更精确，因此通常情况下，建议使用"1/3级"。

▶ 在拍摄小宝宝时，需使用曝光补偿以便让照片中小宝宝的皮肤看起来白皙、细嫩。但如果将曝光等级增量设置为"1/2 级"，有可能会遇到增大曝光补偿则画面过曝，而减少曝光补偿又无法再现小宝宝白皙、细腻皮肤的情况，因此可以将"曝光等级增量"设置为"1/3 级"，从而可更精细地调整曝光补偿数值『上图 焦距：50mm ┊ 光圈：F6.3 ┊ 快门速度：1/125s ┊感光度：ISO100』『下图 焦距：50mm ┊ 光圈：F6.3 ┊ 快门速度：1/125s ┊ 感光度：ISO100』

使用包围曝光拍摄光线复杂的场景

包围曝光是指通过设置一定的曝光变化范围，然后分别拍摄曝光不足、曝光正常与曝光过度 3 张照片的拍摄技法。例如将其设置为 ±1EV 时，即代表分别拍摄减少 1 挡曝光、正常曝光和增加 1 挡曝光的照片，从而兼顾画面的高光、中间调及暗调区域的细节。Canon EOS 5D Mark Ⅳ 相机支持在 ±2EV 之间以 1/3 级为单位调节包围曝光。

什么情况下应该使用包围曝光

如果拍摄现场的光线很难把握，或者拍摄的时间很短暂，为了避免曝光不准确而失去这次难得的拍摄机会，可以使用包围曝光功能来确保万无一失。此时可以通过设置包围曝光，使相机针对同一场景连续拍摄出 3 张曝光量略有差异的照片。每一张照片曝光量具体相差多少，可由摄影师自己确定。在具体拍摄过程中，摄影师无需调整曝光量，相机将根据设置自动在第一张照片的基础上增加、减少一定的曝光量拍摄出另外两张照片。

按此方法拍摄出来的三张照片中，总会有一张是曝光相对准确的照片，因此使用包围曝光功能能够提高拍摄的成功率。

▲ 遇到这种光线不错的雪景时，为了避免因繁琐地设置曝光参数而错失拍摄良机，所以使用包围曝光功能，分别拍摄 -0.7EV、+0EV、+0.7EV 3 张照片，未做曝光补偿拍摄的画面看起来灰蒙蒙的，而降低 0.7EV 挡曝光补偿拍摄的背景看起来则有不错的表现，增加 0.7EV 挡曝光补偿拍摄的画面看上去更加干净、通透

自动包围曝光设置

默认情况下，使用包围曝光功能可以（按 3 次快门或使用连拍功能）拍摄 3 张照片，得到增加曝光量、正常曝光量和减少曝光量 3 种不同曝光结果的照片。

设定步骤

❶ 在**拍摄菜单 2** 中选择**曝光补偿 /AEB** 选项

❷ 点击 ▬ 或 ➕ 设置曝光补偿量，并以当前设定的曝光补偿量为基础设置包围曝光的曝光量

❸ 点击 ◢ 或 ◣ 设置自动包围曝光值，设置完成后，然后点击 SET OK 图标确定

为合成 HDR 照片拍摄素材

对于风光、建筑等题材而言，可以使用包围曝光功能拍摄出不同曝光结果的照片，并进行后期的 HDR 合成，从而得到高光、中间调及暗调都具有丰富细节的照片。

▲ 这 3 张照片在拍摄时都增加了 0.3 挡的曝光补偿，并在此基础上设置了 ±0.7EV 的包围曝光，因此拍摄得到的 3 张照片分别为 -0.4EV、+0.3EV、+1.0EV 的效果

🔘 **高手点拨**：在风光摄影中，可以使用这种方法先获得不同区域准确曝光的照片，然后在后期处理软件中进行HDR合成，最后可以得到高光、中间调及暗调细节都丰富的照片。

使用 Photoshop 合成 HDR 照片

在 Photoshop 中利用多张照片合成高动态图像的操作方法如下。

❶ 分别打开要合成HDR的3幅照片。在本例中，将使用上一小节中的3张照片进行HDR合成。

❷ 选择"文件""自动""合并到 HDR Pro"命令，在弹出的对话框中单击"添加打开的文件"按钮。

❸ 单击"确定"按钮退出对话框，在弹出的提示框中直接单击"确定"按钮退出，数秒后弹出"手动设置曝光值"对话框（根据所使用的软件版本不同，也有可能不会弹出此对话框），单击向右 > 按钮，使上方的预览图像为"素材3"，然后设置"EV"的数值。

❹ 按照上一步的操作方法，通过单击向左 < 或向右 > 按钮，设置"素材2"和"素材1"的"EV"数值分别为0.3、1，单击"确定"按钮退出后，弹出"合并到 HDR Pro"对话框。

❺ 根据需要在"合并到 HDR Pro"对话框中设置"半径""强度"等参数，单击"确定"按钮即可完成HDR合成。

▲ "合并到 HDR Pro"对话框

▲ 手动设置曝光值

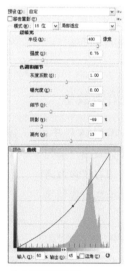

◀ 合成后的效果

 高手点拨： 虽然Canon EOS 5D Mark IV 具有在机身内部合成HDR照片的功能，但与专业的图像处理软件相比，该功能仍显得过于简单，因此，如果希望合成出效果更专业的HDR照片，专业的图像处理软件仍然是首选。

设置自动包围曝光拍摄顺序

"包围曝光顺序"菜单用于设置自动包围曝光和白平衡包围曝光的顺序。

选定一种顺序之后，拍摄时将按照这一顺序进行拍摄。在实际拍摄中，更改包围曝光顺序并不会对拍摄结果产生影响，用户可以根据自己的习惯进行设置。

● 0，-，+：选择此选项，相机就会按照第一张标准曝光量、第二张减少曝光量、第三张增加曝光量的顺序进行拍摄。

● -，0，+：选择此选项，相机就会按照第一张减少曝光量、第二张标准曝光量、第三张增加曝光量的顺序进行拍摄。

● +，0，-：选择此选项，相机就会按照第一张增加曝光量、第二张标准曝光量、第三张减少曝光量的顺序进行拍摄。

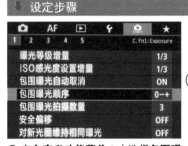

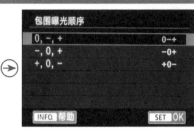

❶ 在**自定义功能菜单 1** 中选择**包围曝光顺序**选项

❷ 点击选择包围曝光的顺序，然后点击 SET OK 图标确定

如果开启了白平衡包围功能，则选择不同拍摄顺序选项时拍出照片的效果如下表所示。

自动包围曝光	白平衡包围曝光	
	B/A 方向	M/G 方向
0：标准曝光量	0：标准白平衡	0：标准白平衡
-：减少曝光量	-：蓝色偏移	-：洋红色偏移
+：增加曝光量	+：琥珀色偏移	+：绿色偏移

设置包围曝光拍摄数量

在 Canon EOS 5D Mark Ⅳ 中，在进行自动包围曝光及白平衡包围曝光拍摄时，可以在"包围曝光拍摄数量"菜单中指定要拍摄的数量。

在下面的表格中，以选择"0，-，+"包围曝光顺序且包围曝光等级增量为 1 级为例，列出了选择不同拍摄张数时各照片的曝光差异。

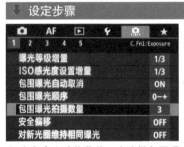

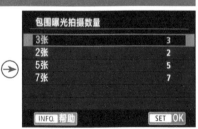

❶ 在**自定义功能菜单 1** 中选择**包围曝光拍摄数量**选项

❷ 点击选择拍摄数量，然后点击 SET OK 图标确定

	第 1 张	第 2 张	第 3 张	第 4 张	第 5 张	第 6 张	第 7 张
3：3 张	标准 (0)	-1	+1	-	-	-	-
2：2 张	标准 (0)	±1	-	-	-	-	-
5：5 张	标准 (0)	-2	-1	+1	+2	-	-
7：7 张	标准 (0)	-3	-2	-1	+1	+2	+3

利用 HDR 模式直接拍出 HDR 照片

HDR模式的原理是通过连续拍摄3张正常曝光量、增加曝光量以及减少曝光量的影像，然后由相机进行高动态影像合成，从而获得暗调、中间调与高光区域都具有丰富细节的照片，甚至还可以获得类似油画、浮雕画等特殊的影像效果。

调整动态范围

此菜单用于控制是否启用 HDR 模式，以及在开启此功能后的动态范围。

● 关闭 HDR：选择此选项，将禁用 HDR 模式。

● 自动：选择此选项，将由相机自动判断合适的动态范围，然后以适当的曝光增减量进行拍摄并合成。

● ±1~±3：选择 ±1、±2 或 ±3 选项，可以指定合成时的动态范围，即分别拍摄正常、增加和减少 1/2/3 挡曝光的图像，并进行合成。

❶ 在**拍摄菜单 3** 中选择 **HDR 模式**选项　❷ 点击选择**调整动态范围**选项　❸ 点击选择 HDR 的动态范围

效果

在此菜单中可以选择合成 HDR图像时的影像效果，其中包括如下5个选项。

● 自然：选择此选项，可以在均匀显示画面暗调、中间调及高光区域图像的同时，保持画面为类似人眼观察到的视觉效果。

● 标准绘画风格：选择此选项，画面中的反差更大，色彩的饱和度也会较真实场景高一些。

● 浓艳绘画风格：选择此选项，画面中的反差和饱和度都很高，尤其在色彩上显得更为鲜艳。

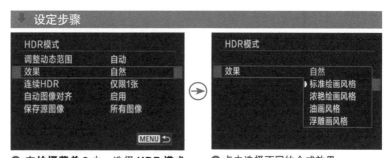

❶ 在**拍摄菜单 3** 中，选择 **HDR 模式**中的**效果**选项　❷ 点击选择不同的合成效果

● 油画风格：选择此选项，画面的色彩比浓艳绘画风格更强烈。

● 浮雕画风格：选择此选项，画面的反差极大，在图像边缘的位置会产生明显的亮线，因而具有一种物体发出轮廓光的效果。

连续 HDR

在此选项中可以设置是否连续多次使用 HDR 模式。

● 仅限 1 张：选择此选项，将在拍摄完成一张 HDR 照片后，自动关闭此功能。

● 每张：选择此选项，将一直保持 HDR 模式的开启状态，直至摄影师手动将其关闭为止。

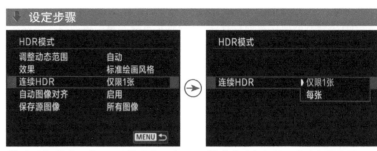

① 在**拍摄菜单 3** 的 **HDR 模式**中，选择**连续 HDR** 选项

② 点击选择**仅限 1 张**或**每张**选项

自动图像对齐

在拍摄 HDR 照片时，即使使用连拍模式，也不能确保每张照片都是完全对齐的，手持相机拍摄时更容易出现图像之间错位的现象，此时可以在此选项中进行设置。

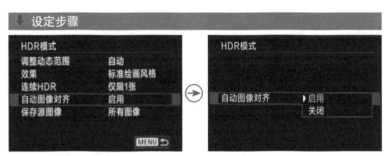

① 在**拍摄菜单 3** 的 **HDR 模式**中，选择**自动图像对齐**选项

② 点击选择**启用**或**关闭**选项

● 启用：选择此选项，在合成 HDR 图像时，相机会自动对齐各个图像，因此在拍摄 HDR 图像时，建议启用 自动图像对齐 功能。

● 关闭：选择此选项，将关闭 自动图像对齐 功能，若拍摄的 3 张照片中有位置偏差，则合成后的照片可能会出现重影现象。

保存源图像

在此菜单中可以设置是否将拍摄的多张不同曝光程度的单张照片也保存至存储卡中。

● 所有图像：选择此选项，相机会将所有的单张曝光照片以及最终的合成结果全部保存在存储卡中。

● 仅限 HDR 图像：选择此选项，不保存单张曝光的照片，仅保存 HDR 合成图像。

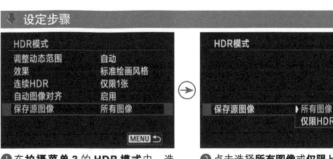

① 在**拍摄菜单 3** 的 **HDR 模式**中，选择**保存源图像**选项

② 点击选择**所有图像**或**仅限** HDR **图像**选项

利用曝光锁定功能锁定曝光值

利用曝光锁定功能可以在测光期间锁定曝光值。此功能的作用是，允许摄影师针对某一个特定区域进行对焦，而对另一个区域进行测光，从而拍摄出曝光正常的照片。

Canon EOS 5D Mark Ⅳ 的曝光锁定按钮在机身上显示为"✳"。使用曝光锁定功能的方便之处在于，即使我们松开半按快门的手，重新进行对焦、构图，只要按住曝光锁定按钮，那么相机还是会以刚才锁定的曝光参数进行曝光。

▲ Canon EOS 5D Mark Ⅳ 的曝光锁定按钮

进行曝光锁定的操作方法如下。

❶ 对准选定区域进行测光，如果该区域在画面中所占比例很小，则应靠近被摄物体，使其充满取景器的中央区域。

❷ 半按快门，此时在取景器中会显示一组光圈和快门速度组合数据。

❸ 释放快门，按下曝光锁定按钮✳，相机会记住刚刚得到的曝光值。

❹ 重新取景构图、对焦，完全按下快门即可完成拍摄。

▲ 使用长焦镜头对人物面部测光示意图

◀ 先对人物的面部进行测光，锁定曝光并重新构图后再进行拍摄，从而保证面部获得正确的曝光『焦距：135mm ┊ 光圈：F4 ┊ 快门速度：1/400s ┊ 感光度：ISO100』

利用自动亮度优化同时表现高光与阴影区域细节

通常在拍摄光比较大的画面时容易丢失细节，最终画面中会出现亮部过亮、暗部过暗或明暗反差较大的情况，此时就可以启用"自动亮度优化"功能对其进行不同程度的校正。

例如，在直射明亮阳光下拍摄时，拍出的照片中容易出现较暗的阴影与较亮的高光区域，启用"自动亮度优化"功能，可以确保所拍出照片中的高光区域和阴影区域的细节不会丢失，因为此功能会使照片的曝光稍欠一些，有助于防止照片的高光区域完全变白而显示不出任何细节，同时还能够避免因为曝光不足而使阴影区域中的细节丢失。

在 Canon EOS 5D Mark Ⅳ 中，可以通过"在 M 和 B 模式下关闭"选项，控制使用 M 挡全手动曝光模式和 B 门曝光模式拍摄时，是否禁用"自动亮度优化"功能，如果按下INFO.按钮取消此选项前面的√号，则允许在 M 挡全手动曝光模式和 B 门曝光模式下设置不同的自动亮度优化选项。

除了使用右侧展示的菜单设置此功能外，还可以用右下方展示的速控屏幕对此功能进行设置。

Q：为什么有时无法设置自动亮度优化？

A：如果在"拍摄菜单 3"中将"高光色调优先"设置为"启用"，则自动亮度优化设置将被自动取消。

在实际拍摄时，先将"高光色调优先"设置为"关闭"，才可以启用"自动亮度优化"功能。

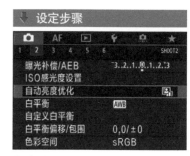

❶ 在**拍摄菜单 2** 中选择**自动亮度优化**选项

❷点击选择不同的优化强度，点击INFO.图标可选中或取消选中**在 M 或 B 模式下关闭**选项，选择完成后点击 SET OK 图标确定

▲ 启用"自动亮度优化"功能后，画面中的高光区域与阴影区域的细节还是较为丰富的『焦距：18mm ┊光圈：F7.1 ┊快门速度：1/100s ┊感光度：ISO200』

▶ 设定方法

按下 Q 按钮并使用多功能控制钮❈选择自动亮度优化图标，然后转动速控转盘○选择不同的优化强度

利用高光色调优先增加高光区域细节

　　"高光色调优先"功能可以有效地增加高光区域的细节,使灰度与高光之间的过渡更加平滑。这是因为开启这一功能后,可以使拍摄时的动态范围从标准的 18% 灰度扩展到高光区域。

　　但是,使用该功能拍摄时,画面中的噪点可能会更加明显。启用"高光色调优先"功能后,将会在液晶显示屏和取景器中显示"**D+**"符号。相机可以设置的 ISO 感光度范围也变为 ISO200~ISO32000。

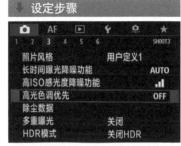

❶ 在**拍摄菜单 3** 中选择**高光色调优先**选项

❷ 点击选择**关闭**或**启用**选项,然后点击 SET OK 图标确定

▲ 使用"高光色调优先"功能可将画面表现得更加自然、平滑『焦距:200mm 光圈:F8 快门速度:1/640s 感光度:ISO200 』

▲ 这两幅图是启用"高光色调优先"功能前后拍摄的局部画面对比,从中可以看出,启用此功能后,画面很好地兼顾了高光区域的细节

利用多重曝光获得蒙太奇画面

利用 Canon EOS 5D Mark Ⅳ 的"多重曝光"功能，可以进行 2 至 9 次曝光拍摄，并将多次曝光拍摄的照片合并成为一张图像。如果用实时显示拍摄模式拍摄多重曝光图像，甚至可以一边拍摄一边观看合成效果。

开启或关闭多重曝光

此菜单用于控制是否启用"多重曝光"功能，以及启用此功能后是否可以在拍摄过程中对相机进行操作等。

设定步骤

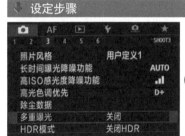

❶ 在**拍摄菜单 3** 中选择**多重曝光**选项　　❷ 点击选择**多重曝光**选项　　❸ 点击选择一个选项即可

● 关闭：选择此选项，则禁用"多重曝光"功能。

● 开（功能 / 控制）：选择此选项，将允许在多重曝光的过程中做一些如查看菜单、回放等操作。

● 开（连拍）：选择此选项，在拍摄期间无法进行查看菜单、回放、实时显示、图像确认和取消最后一张图像等操作，此选项较适合对动态对象进行多重曝光时使用。

高手点拨： 在多重曝光拍摄期间，"自动亮度优化""高光色调优先""镜头像差校正"等功能将被关闭。另外，为第一次曝光设定的画质、ISO感光度、照片风格、高ISO感光度降噪和色彩空间等设置会被继续延用在后续拍摄中。

改变多重曝光照片的叠加合成方式

在此菜单中可以选择合成多重曝光照片时的算法，包括"加法"和"平均"两个选项。

● 加法：选择此选项，每一次拍摄的单张曝光的照片会被叠加在一起。

● 平均：选择此选项，将在每次拍摄单张曝光的照片时，自动控制其背景的曝光，以获得标准的曝光结果。

● 明亮：选择此选项，会将多次曝光结果中明亮的图像保留在照片中。例如在拍摄月亮时，

设定步骤

❶ 在**拍摄菜单 3** 中选择**多重曝光**选项，然后再选择**多重曝光控制**选项　　❷ 点击可选择多重曝光的控制方式

选择此选项可以获得明月高悬于夜幕上空的画面。

● 黑暗：此选项的功能与"明亮"选项刚好相反，可以在拍摄时将多次曝光结果中暗调的图像保留下来。

设置多重曝光次数

在此菜单中，可以设置多重曝光拍摄时的曝光次数，可以选择2~9张进行拍摄。通常情况下，2~3次曝光就可以满足绝大部分的拍摄需求。

 高手点拨：设置的张数越多，则合成的画面中产生的噪点也越多。

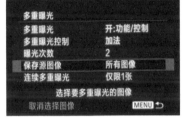 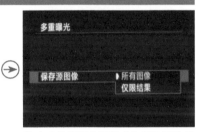

❶ 在**拍摄菜单3**中选择**多重曝光**选项，然后再选择**曝光次数**选项

❷ 点击 或 图标可选择不同的曝光次数，然后点击 SET OK 图标确定

保存源图像

在此菜单中可以设置是否将多次曝光时的单张照片也保存至存储卡中。

● 所有图像：选择此选项，相机会将所有的单张曝光照片以及最终的合成结果，全部保存在存储卡中。

● 仅限结果：选择此选项，将不保存单张的照片，而仅保存最终的合成结果。

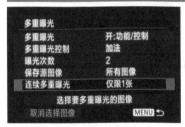 

❶ 在**拍摄菜单3**中选择**多重曝光**选项，然后再选择**保存源图像**选项

❷ 点击选择**所有图像**或**仅限结果**选项

连续多重曝光

在此菜单中可以设置是否连续多次使用"多重曝光"功能。

● 仅限1张：选择此选项，将在完成一次多重曝光拍摄后，自动关闭此功能。

● 连续：选择此选项，将一直保持多重曝光功能的开启状态，直至摄影师手动将其关闭为止。

❶ 在**拍摄菜单3**中选择**多重曝光**选项，然后再选择**连续多重曝光**选项

❷点击选择**仅限1张**或**连续**选项

Q：在多重曝光拍摄期间自动关闭电源功能是否会生效？

A：只要"自动关闭电源"选项未被设为"关闭"，并在30分钟内未对相机进行操作，相机电源就会自动被关闭，因此，如果自动关闭电源生效，多重曝光拍摄就将结束，并且多重曝光设置也将被取消。

用存储卡中的照片进行多重曝光

Canon EOS 5D Mark IV 允许摄影师从存储卡中选择一张照片，然后再通过拍摄的方式进行多重曝光，而选择的照片也会占用一次曝光次数。例如在设置曝光次数为 3 时，除了从存储卡中选择的照片外，还可以再拍摄两张照片用于多重曝光图像的合成。

 高手点拨：此设置中只可以选择 RAW 图像，无法选择 M RAW S RAW 或 JPEG 图像。

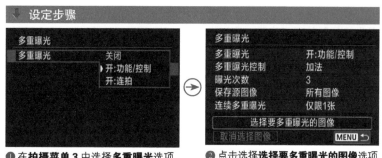

❶ 在**拍摄菜单 3** 中选择**多重曝光**选项，然后再选择**开：功能 / 控制**或**开：连拍**选项

❷ 点击选择**选择要多重曝光的图像**选项

❸ 选择要进行多重曝光的图像，然后点击选择**确定**选项

❹ 拍摄一张照片后，曝光次数随之减 1，拍摄完成后，相机会自动合成这些照片，形成多重曝光效果

▼ 合成后的多重曝光效果，画面风格别具一格，具有强烈的视觉冲击力

使用多重曝光拍摄明月

使用多重曝光功能拍摄月亮的方法如下。

① 在"拍摄菜单 3"中选择"多重曝光"选项,进入"多重曝光"设置界面。

② 在"多重曝光"选项中选择"开:功能 / 控制"或"开:连拍"选项。

③ 在"多重曝光控制"选项中选择"明亮"选项,这样可以保证月亮与拍摄的夜景完美地融合在一起。

④ 对拍摄月亮而言,通常需要进行两次曝光,因此将"曝光次数"的数值设为 2。

⑤ 设置完毕后,即可开始多重曝光拍摄。

⑥ 第 1 张可以用镜头的中焦或广角端拍摄画面的全景,当然画面中不要出现月亮图像,但要为月亮图像保留一定的空白位置,然后以较长的曝光时间完成拍摄,以得到较为准确的曝光结果。

⑦ 在拍摄第 2 张照片时,可以使用长焦镜头或变焦镜头的长焦端,对月亮进行构图并拍摄。当然,在构图的时候,要注意结合上一张照片的构图,将月亮安排在合适的位置,并重新调整曝光参数进行拍摄。

▲ 通过多重曝光的手法,获得了具有丰富细节且足够大的月亮。其中,左上方的照片是第 1 次拍摄的结果,画面为月亮留出了足够的空间;右上方的照片是第 2 次使用长焦镜头专门拍摄的月亮,并在画面中为其安排好了位置;下面的大图就是拍摄完成后由相机自动合成得到的照片

利用间隔定时器功能进行延时摄影

延时摄影又称"定时摄影",即利用相机的间隔定时器功能,每隔一定的时间拍摄一张照片,最终形成一个完整的照片序列,用这些照片后期生成的视频能够呈现出电视上经常看到的花朵开放、城市变迁、风起云涌的效果。

例如,花蕾的开放约需 3 天 3 夜 72 小时,但如果每半小时拍摄一个画面,顺序记录其开花的过程,即可拍摄 144 张照片,当用这些照片生成视频并以正常帧频率放映时(每秒 24 幅),在 6 秒钟之内即可重现花朵 3 天 3 夜的开放过程,能够给人强烈的视觉震撼。延时摄影通常用于拍摄城市风光、自然风景、天文现象、生物演变等题材。

设定步骤

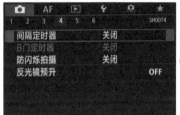

❶ 在**拍摄菜单 4** 中选择**间隔定时器**选项

❷ 点击选择 **启用** 选项,然后点击 INFO.详细设置 图标进入详细设置界面

❸ 点击选择间隔时间框或张数框,然后点击▲或▼图标选择间隔时间及拍摄的张数,设定完成后点击**确定**选项

使用 Canon EOS 5D Mark Ⅳ 进行延时摄影要注意以下几点。

● 驱动模式需设定为除"自拍"以外的其他模式。

● 不能使用自动白平衡,而需要通过手调色温的方式设置白平衡。

● 一定要使用三脚架进行拍摄,否则在最终生成的视频短片中就会出现明显的跳动画面。

将对焦方式切换为手动对焦。

● 按短片的帧频与播放时长来计算需要拍摄的照片张数,例如,按 25fps 拍摄一个播放 10 秒的视频短片,就需要拍摄 250 张照片,而在拍摄这些照片时,彼此之间的时间间隔则是可以自定义的,可以是 1 分钟,也可以是 1 小时。

● 为防止从取景器进入的光线干扰曝光,拍摄时需关闭取景器接目镜。

▲ 利用间隔定时器功能记录下了睡莲绽放的过程

Chapter **06**

Canon EOS 5D Mark IV
实时显示与视频拍摄技巧

光学取景器拍摄与实时取景显示拍摄原理

数码单反相机的拍摄方式有两种，一种是使用光学取景器拍摄的传统方法，另一种方式是使用实时取景显示模式进行拍摄。实时取景显示拍摄最大的变化是将液晶监视器作为取景器，而且还使实时面部优先自动对焦和通过手动进行精确对焦成为可能。

光学取景器拍摄原理

光学取景器拍摄是指摄影师通过数码相机上方的光学取景器观察景物进行拍摄的过程。

光学取景器拍摄的工作原理是：光线通过镜头射入机身内部的反光镜上，然后反光镜把光线反射到五棱镜上，拍摄者通过五棱镜上反射回来的光线就可以直接查看被摄对象。因为采用这种方式拍摄时，人眼看到的景物和相机看到的景物基本上是一致的，所以误差较小。

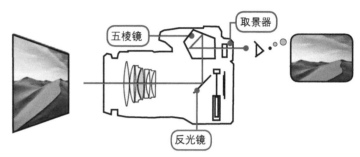

▲ 光学取景器拍摄原理示意图

实时取景显示拍摄原理

实时取景显示拍摄是指摄影者通过数码相机上的液晶监视器观察景物进行拍摄的过程。

其工作原理是：当位于镜头和图像感应器之间的反光镜处于抬起状态时，光线通过镜头后，直接射向图像感应器，图像感应器把捕捉到的光线作为图像数据传送至液晶监视器，并且在液晶监视器上进行显示。在这种显示模式下，更有利于对各种设置进行调整和模拟曝光。

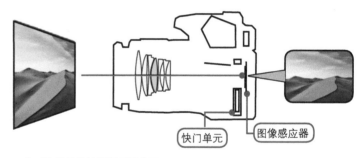

▲ 实时取景显示拍摄原理示意图

实时显示拍摄的特点

能够使用更大的屏幕进行观察

　　实时显示拍摄能够直接将液晶监视器作为取景器使用，由于液晶监视器的尺寸比光学取景器要大很多，所以能够显示视野率 100% 的清晰图像，从而更加方便观察被摄景物的细节。拍摄时摄影师也不用再将眼睛紧贴着相机，构图也变得更加方便。

易于精确合焦以保证照片更清晰

　　由于实时显示拍摄可以将对焦点位置的图像放大，所以拍摄者在拍摄前就可以确定照片的对焦点是否准确，从而保证拍摄后的照片更加清晰。

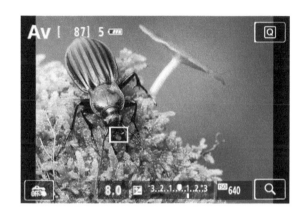

▶ 以甲虫的眼睛作为对焦点，对焦时放大观察甲虫的眼部，从而拍摄出清晰的照片

具有实时面部优先拍摄的功能

　　实时显示拍摄具有实时面部优先的功能，当使用此模式拍摄时，相机能够自动检测画面中人物的面部，并且对人物的面部进行对焦。对焦时会显示对焦框，如果画面中的人物不止一个，就会出现多个对焦框，可以在这些对焦框中任意选择希望合焦的面部。

▶ 使用实时面部优先模式，能够轻松地拍摄出面部清晰的人像

能够对拍摄的图像进行曝光模拟

　　使用实时显示模式拍摄时，不但可以通过液晶监视器查看被摄景物，而且还能够在液晶监视器上反映出不同参数设置带来的明暗和色彩变化。例如，可以通过设置不同的白平衡模式并观察画面色彩的变化，以从中选择出最合适的白平衡模式。这种所见即所得的白平衡选择方式，最适合入门级摄影爱好者，可以更加直观地感受到不同白平衡所带来的画面色彩的变化，从而准确地选择所要使用的白平衡模式。

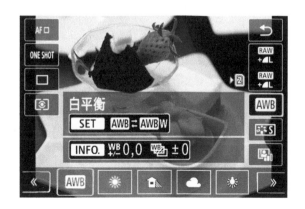

▶ 在液晶监视器上进行白平衡调节，图片的颜色会随之改变

实时显示模式典型应用案例

微距摄影

对于微距摄影而言，清晰是评判照片是否成功的标准之一，微距花卉摄影也不例外。由于微距照片的景深都很浅，所以，在进行微距花卉摄影时，对焦是影响照片成功与否的关键因素。

为了保证焦点清晰，比较稳妥的对焦方法是把焦点位置的图像放大后，调整最终的合焦位置，然后释放快门。这种把焦点位置图像放大的方法，在使用实时显示模式拍摄时可以很轻易实现。

在实时显示模式下，使用多功能控制钮✛将对焦框移至想放大查看的位置，然后不断按下放大 / 缩小按钮Q，即可将液晶监视器中的图像以 1 倍、5 倍、10 倍的显示倍率进行放大，以检查拍摄的照片是否准确合焦。

▲ 使用实时显示模式拍摄时液晶监视器的显示状态

▲ 按下放大 / 缩小按钮Q，以 5 倍的显示倍率显示当前拍摄对象时液晶监视器的显示状态

▲ 再次按下放大 / 缩小按钮Q后，以 10 倍的显示倍率显示当前拍摄对象时液晶监视器的显示状态

商品摄影

商品摄影对图片质量的要求非常高，照片中焦点的位置、清晰的范围以及画面的明暗都应该是摄影师认真考虑的问题，这些都需要经过耐心调试和准确控制才能获得。使用实时显示模式拍摄时，拍摄前就可以预览拍摄完成后的效果，所以可以更好地控制照片的细节。

▲ 开启实时显示模式后液晶监视器的显示效果

▲ 放大至 5 倍时的显示效果

▲ 放大至 10 倍时的显示效果，食品的细节清晰可见，因此可以进行精确的合焦拍摄

人像摄影

　　拍出有神韵人像的秘诀是对焦于被摄者的眼睛，保证眼睛的位置在画面中是最清晰的。使用光学取景器拍摄时，由于对焦点较小，因此如果拍摄的是全景人像，可能会由于模特的眼睛在画面中所占的面积较小，而造成对焦点偏移，最终导致画面中最清晰的位置不是眼睛，而是眉毛或眼袋等位置。

　　如果使用实时显示模式拍摄，则出错的概率要小许多，因为在拍摄时可以通过放大画面仔细观察对焦位置是否正确。

▲ 利用实时显示模式拍摄，可以将人物的眼睛拍得非常清晰『焦距：200mm ¦ 光圈：F8 ¦ 快门速度：1/200s ¦ 感光度：ISO100 』

  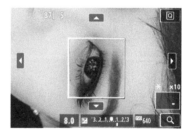

▲ 在拍摄人像时，人物的眼睛一般都会成为焦点，使用实时显示模式拍摄并把眼睛的局部放大，可以确保画面中眼睛足够清晰

实时显示拍摄功能

开启实时显示拍摄功能

在 Canon EOS 5D Mark Ⅳ 相机中，如果想开启实时显示拍摄功能，先将实时显示拍摄/短片拍摄开关转至◯位置，然后按下 START/STOP 按钮，实时显示图像将会出现在液晶监视器上，此时即可进行实时显示拍摄了。

实时显示拍摄状态下的信息显示

在实时显示拍摄模式下，连续按下INFO.按钮，可以在不同的信息显示内容之间进行切换。

❶ 光圈值
❷ 触摸快门
❸ Wi-Fi功能
❹ 自动对焦点
❺ 测光模式
❻ 驱动模式
❼ 自动对焦模式
❽ 自动对焦区域模式
❾ 拍摄模式
❿ 全像素双核RAW拍摄
⓫ 可拍摄数量/自拍剩余的秒数
⓬ 最大连拍数量
⓭ 电池电量
⓮ 记录/回放存储卡
⓯ 速控按钮
⓰ 图像记录画质

⓱ 白平衡/白平衡校正
⓲ 照片风格
⓳ 自动亮度优化
⓴ 曝光量指示标尺
㉑ 曝光模拟
㉒ ISO感光度

设置实时显示拍摄参数

自动对焦方式

在此菜单中可以选择使用实时显示拍摄模式时最适合拍摄环境或者拍摄主体的自动对焦模式。

除了可以使用菜单设置自动对焦模式外，还可以在实时取景状态下还可以在实时取景状态下按下回按钮，点击选择自动对焦方式图标，然后在屏幕下方显示的自动对焦模式选项条中点击选择所需要的选项。

❶ 在**拍摄菜单** 5 中选择**自动对焦方式**选项

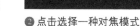

❷ 点击选择一种对焦模式

● 😊 + 追踪：选择此选项，可以让相机优先对被摄人物的脸部进行对焦，但需要让被摄人物面对相机，即使在拍摄过程中被摄人物的面部发生了移动，自动对焦点也会移动以追踪面部。当相机检测到人的面部时，会在要对焦的脸上出现 😊 自动对焦点。如果检测到多个面部，将显示 ◀ ▶，使用多功能控制钮 ✥ 将 😊 框移动到目标面部上即可。如果没有检测到面部，相机会切换到自由移动 1 点模式。

● 自由移动 AF（）：选择此选项，相机可以采用两种模式对焦，一种是以最多 63 个自动对焦点对焦，这种对焦模式能够覆盖较大区域；另一种是将液晶监视器分割成为 9 个区域，摄影师可以使用多功能控制钮 ✥ 选择某一个区域进行对焦，默认情况下相机自动选择前者。可以按下 ✥ 或 SET 按钮，在这两种对焦模式间切换。

● 自由移动 AF □：选择此选项，液晶监视器上只显示 1 个自动对焦点，使用多功能控制钮 ✥ 使该自动对焦点移至要对焦的位置，当自动对焦点对准被摄体时半按快门即可。如果自动对焦点变为绿色并发出提示音，表明合焦正确；如果没有合焦，自动对焦点将会以橙色显示。

▲ 选择AF 😊📷图标（😊 + 追踪）模式的状态

▲ 选择AF（）图标（自由移动多点）模式的状态

▲ 选择AF □图标（自由移动 1 点）模式的状态

 高手点拨：由于Canon EOS 5D Mark Ⅳ的液晶监视器可以触摸操作，因此在选择对焦区域时，也可以直接点击液晶监视器屏幕选择对焦位置。

曝光模拟

"曝光模拟"菜单用于显示和模拟实际图像看起来的亮度(曝光)。

● 启用：选择此选项，显示的图像亮度将接近于最终图像的实际亮度（曝光）。

● 期间：选择此选项，当按下景深预览按钮时，则进行曝光模拟。

● 关闭：选择此选项，液晶监视器的亮度将不会因参数设置而改变。

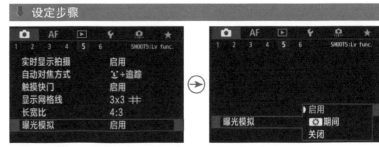

① 在**拍摄菜单** 5 中选择**曝光模拟**选项　② 点击选择所需选项

静音实时显示拍摄

该菜单用于控制相机拍摄时的噪音。

● 模式 1：选择此选项，拍摄时的噪音将小于通常拍摄，可以进行连拍。

● 模式 2：选择此选项，拍摄噪音将减为最小，只能进行单拍。

● 关闭：如果使用 TS-E 镜头进行偏移、倾斜镜头操作或使用增距延长管时，需选择此选项，否则会导致错误或曝光异常。

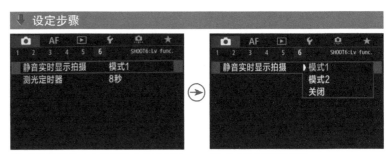

① 在**拍摄菜单** 6 中选择**静音实时显示拍摄**选项　② 点击选择所需选项

测光定时器

该菜单用于设置相机锁定测光的时间长度，可以选择 4 秒、8 秒、16 秒、30 秒、1 分钟、10 分钟、30 分钟。

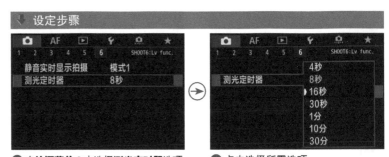

① 在**拍摄菜单** 6 中选择**测光定时器**选项　② 点击选择所需选项

视频拍摄基础

自从佳能在其全画幅单反 Canon EOS 5D Mark Ⅱ 上提供了全高清视频拍摄功能后,视频拍摄功能便成为数码单反相机的标准配置。现在许多单反相机不仅能够拍摄全高清视频,而且还能够动态追焦,使被摄对象在画面中始终保持清晰状态,Canon EOS 5D Mark Ⅳ 也是这样一款单反相机。

视频格式标准

标清、高清与全高清的概念源于数字电视的工业标准,但随着使用摄像机、数码相机拍摄的视频逐渐增多,其渐渐成为了这两个行业的视频格式标准。

标清是指物理分辨率在 720p 以下的一种视频格式,分辨率在 400 线左右的 VCD、DVD、电视节目等视频均属于"标清"格式。

物理分辨率达到 720p 以上的视频格式称作高清,简称为 HD。

所谓全高清(FULL HD),是指物理分辨率达到 1920×1080 的视频格式(包括 1080i 和 1080p),

其中 i 是指隔行扫描,p 代表逐行扫描,这两者在画面的精细度上有很大的差别,1080p 的画质要胜过 1080i。

4K 的分辨分为两种,一种是针对高清电视使用的 QFHD 标准,分辨率为 3840×2160,是全高清的四倍;还有一种是针对数字电影使用的 DCI 4K 标准,分辨率为 4096×2160。由于 4K 视频拥有超高分辨率,因而能比标准、高清或全高清视频获得更震撼的视觉感受。

拍摄视频短片的基本设备

存储卡

短片拍摄占据的存储空间比较大,尤其是拍摄 4K 超高清短片时,更需要大容量、高存储速度的存储卡,根据佳能测试,如果使用 Canon EOS 5D Mark Ⅳ 相机录制 4K 视频时,CF 卡至少应该使用 UDMA 7(100MB/秒)或更快的存储卡,SD 卡至少应该使用 UHS-I Speed Class 3 或更高的存储卡才能够进行正常的短片拍摄及回放,而且存储卡的容量越大越好。

镜头

与拍摄照片一样,拍摄短片时也可以更换镜头,佳能 EF 系列的所有镜头均可用于短片拍摄,甚至更早期的手动镜头,只要它可以安装在 Canon EOS 5D Mark Ⅳ 相机上,那么仍旧可以大显身手。

麦克风

如果录制的视频属于普通纪录性质,可以使用相机内置的麦克风。但如果希望收录噪音更小、音质更好的声音,需要使用专业的外接麦克风。

脚架

与专业的摄像设备相比,使用数码单反相机拍摄短片时最容易出现的一个问题,就是在手动变焦的时候容易引起画面的抖动,因此,一个坚固的三脚架是保证画面平稳不可或缺的器材。如果执著于使用相机拍摄短片,那么甚至可以购置一个质量好的视频控制架。

拍摄视频短片的基本流程

使用 Canon EOS 5D Mark Ⅳ 相机拍摄短片的操作比较简单，下面列出一个短片拍摄的基本流程。

❶ 如果希望手动控制短片的曝光量，将拍摄模式切换为M挡，否则将拍摄模式设置为除M挡之外的其他拍摄模式，以便于相机自动对拍摄场景进行曝光控制。

❷ 在相机背面的右上方将"实时显示拍摄/短片拍摄"开关转至短片拍摄位置。

❸ 在拍摄短片前，可以通过自动或手动的方式先对主体进行对焦。

❹ 按下 START/STOP 按钮，即可开始录制短片。

❺ 录制完成后，再次按下 START/STOP 按钮。

▲ 在拍摄前，可以先进行对焦　　　　▲ 录制短片时，会在右上角显示一个红色的圆

设置视频短片拍摄相关参数

短片拍摄菜单需要切换至短片拍摄模式下才会显示出来，其中还包括了一些与实时显示拍摄时相同的设置，在下面的讲解中，将不再重述。另外，在智能自动曝光模式下，与短片相关的功能位于拍摄菜单 1 和拍摄菜单 2 中，在 P、Tv、Av、M 模式下，则在拍摄菜单 4 和拍摄菜单 5 中。

录音

使用相机内置的麦克风可录制单声道声音，通过将带有立体声微型插头（直径为 3.5mm）的外接麦克风连接至相机，则可以录制立体声，然后配合"录音"菜单中的参数设置，可以实现多样化的录音控制。

●录音/录音电平：选择"自动"选项，录音音量将会自动调节；选择"手动"选项，可将录音音量的电平调节为 64 个等级之一，适用于高级用户；选择"关闭"选项，将不会记录声音。

❶ 在拍摄菜单 4 中选择录音选项　　　❷ 点击可选择不同的选项，即可进入修改参数界面

●风声抑制/衰减器：选择"启用"选项，则可以降低户外录音时的风声噪音，包括某些低音调噪音（此功能只对内置麦克风有效）；在无风的场所录制时，建议选择"关闭"选项，以便能录制到更加自然的声音。在拍摄前即使将"录音"设定为"自动"或"手动"，如果有非常大的声音，仍然可能会导致声音失真。在这种情况下，建议将其设为"启用"。

短片伺服自动对焦

设为"启用"选项时，在短片拍摄期间，即使不半按快门，相机也会根据被摄对象的移动状态不断调整对焦，以保证始终对被摄对象进行对焦。

选择"关闭"选项，则半按快门或 AF-ON 按钮进行对焦。

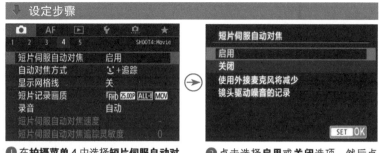

❶ 在**拍摄菜单** 4 中选择**短片伺服自动对焦**选项

❷ 点击选择**启用**或**关闭**选项，然后点击 SET OK 图标确定

短片拍摄时快门按钮的功能

在此菜单中，可以根据各人的拍摄习惯，选择在短片拍摄期间，半按和全按快门按钮所执行的功能。

● AF/-：选择此选项，半按快门将进行测光和自动对焦，完全按下快门无效。

● ⊡/-：选择此选项，半按快门进行测光，完全按下快门无效。

● AF/'🎥：选择此选项，半按快门将进行测光和自动对焦，完全按下快门则开始 / 停止短片拍摄。

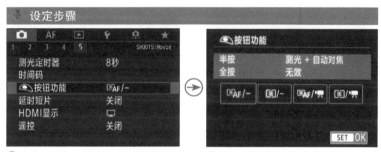

❶ 在**拍摄菜单** 5 中选择❤**按钮功能**选项

❷ 点击选择所需的选项，然后点击 SET OK 图标确定

● ⊡/'🎥：选择此选项，半按快门将进行测光，完全按下快门则开始 / 停止短片拍摄。

遥控拍摄

当在"遥控"菜单中选择了"启用"选项时，摄影师可以使用 RC-6 遥控器来开始或停止短片拍摄。

当启用此功能后，相机的液晶显示屏上将显示图标，将释放模式开关设定为"2"，然后按下遥控器上传输按钮。如果此开关设定为"●"（立即拍摄），将应用❤按钮功能设置。

❶ 在**拍摄菜单** 5 中选择**遥控**选项

❷ 点击选择**启用**或**关闭**选项

短片记录画质

设置记录格式与画质

"短片记录画质"包含 MOV/MP4、短片记录尺寸、24.00P 以及高帧频 4 个选项。通过"MOV"选项,用户可以设置视频的格式,通过"短片记录尺寸"选项,用户可以设置短片的图像尺寸、帧频、压缩方式。

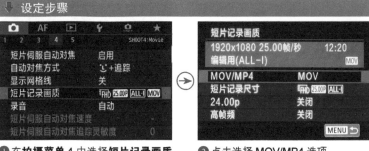

❶ 在**拍摄菜单 4** 中选择**短片记录画质**选项

❷ 点击选择 MOV/MP4 选项

❸ 点击选择录制视频的格式选项

❹ 如果在步骤❷中选择了**短片记录尺寸**选项,点击选择所需的短片记录尺寸选项,然后点击 SET OK 图标确定

❺ 如果在步骤❷中选择了 24.00P 选项,点击选择**启用**或**关闭**选项,然后点击 SET OK 图标确定

设置 4K 视频录制

Canon EOS 5D Mark IV 在视频方面的一大亮点就是支持 4K 视频录制。在 4K 视频录制模式下,用户可以最高录制帧频为 30P、文件无压缩的超高清视频。

不过 Canon EOS 5D Mark IV 相机的 4K 视频录制模式采集的是图像传感器的中心像素区域,并非全部的像素采集,所以在录制 4K 视频时,只会截取画面的中央部分,因而拍摄视角也会变得狭窄,约等于 1.74 倍的镜头系数。

还有一个有意思的功能是,当在全屏回放 4K 视频时,用户可以按下 SET 按钮显示短片的回放面板,在此面板中用户可以从短片中选择约为 800 万像素的静态照片进行保存。

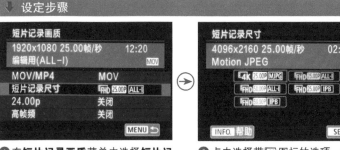

❶ 在**短片记录画质**菜单中选择**短片记录尺寸**选项

❷ 点击选择带 4K 图标的选项,然后点击 SET OK 图标确定

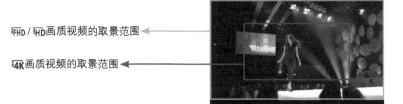

FHD / HD 画质视频的取景范围

4K 画质视频的取景范围

设置高帧频视频录制

在 HD 画质视频录制模式下，用户还可以使用 Canon EOS 5D Mark Ⅳ 相机的另一个视频功能——高帧频录制。

启用高帧频录制功能后，能够以 119 帧 / 秒或 100 帧 / 秒的高帧频拍摄短片，然后在回放短片时，将以慢动作回放，从而获得更加有趣的视觉效果。

不过需要注意的是，在高帧频录制模式下，无法使用短片伺服自动对焦。在拍摄期间，自动对焦也不会起作用。

设定步骤

短片记录画质
1920x1080 25.00帧/秒　　　29:59
标准(IPB)　　　　　　　　　　MOV
MOV/MP4　　　　MOV
短片记录尺寸　　　FHD 25.00 IPB
24.00p　　　　　　关闭
高帧频　　　　　　关闭
MENU ↩

➊ 在**短片记录画质**菜单中选择**高帧频**选项

高帧频短片
1280x720 100.0帧/秒　　　06:11
编辑用(ALL-I)　　　　　　　MOV
关闭　　　　　启用
设定(高帧频)短片时短片伺服自动对焦/音频记录被关闭。短片拍摄期间自动对焦也被关闭。
SET OK

➋ 点击选择**启用**选项，然后点击 SET OK 图标确定

短片记录画质选项说明表			
MOV/MP4	MOV格式的视频文件适用于在计算机上后期编辑；MP4格式的视频文件经过压缩，变得较小，便于网络传输		
短片记录尺寸	图像大小		
	4K	FHD	HD
	4K超高清画质。记录尺寸为4096×2160，长宽比约为17:9	全高清画质。记录尺寸为1920×1080，长宽比为16:9	高清画质。记录尺寸为1280×720。长宽比为16:9
	帧频（帧/秒）		
	119.9P 59.94P 29.97P	100.0P 25.00P 50.00P	23.98P 24.00P
	分别以119.9帧/秒、59.94帧/秒、29.9帧/秒的帧频率记录短片。适用于电视制式为NTSC的地区（北美、日本、韩国、墨西哥等）。119.9P 在启用"高帧频"功能时有效	分别以110帧/秒、25帧/秒、50帧/秒的帧频率记录短片。适用于电视制式为PAL的地区（欧洲、俄罗斯、中国、澳大利亚等）。100.0P 在启用"高帧频"功能时有效	分别以23.98帧/秒和24帧/秒的帧频率记录短片，适用于电影。24.00P 在启用"24.00P"功能时有效
	压缩方法		
	MJPG	ALL-I	IPB　　　　　　IPB ↧
	当选择为"MOV"格式时可选。不使用任何帧间压缩，一次压缩一个帧并进行记录，因此压缩率低。仅适用于4K画质的视频	当选择为"MOV"格式时可选。一次压缩一个帧进行记录，便于计算机编辑	一次高效地压缩多个帧进行记录。由于文件尺寸比使用 ALL-I 时更小，在同样存储空间的情况下，录制更长时间的视频　　　当选择为"MP4"格式时可选。由于短片以比使用 IPB 时更低的比特率进行记录，因而文件尺寸更小，并且可以与更多回放系统兼容
24.00P	选择"启用"选项，将以24.00帧/秒的帧频录制4K超高清、全高清、高清画质的视频		
高帧频	选择"启用"选项，可以在高清画质下，以119.9帧/秒或100.0帧/秒的高帧频录制短片		

延时短片

利用"延时短片"功能，可以在指定的时间间隔就拍摄一张照片的流程化操作。这一功能与前面所讲的"间隔定时器"功能基本类似，但不同之处在于，使用此功能可以在拍摄完成后直接生成一个无声的视频短片。

● 拍摄间隔：可在"00:00:01"至"99:59:59"之间设定间隔时间。

● 拍摄张数：可在"0002"至"3600"张之间设定。如果设定为3600，NTSC模式下生成的延时短片将约为2分钟，PAL模式下生成的延时短片将约为2分24秒。

设定步骤

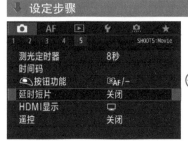
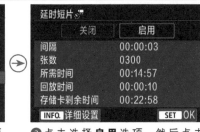

❶ 在**拍摄菜单5**中选择**延时短片**选项

❷ 点击选择**启用**选项，然后点击 INFO.详细设置图标进入间隔/张数设置界面

❸ 点击选择间隔或张数的数字框，然后点击 ▲或 ▼ 图标选择所需的间隔时间或张数

❹ 设置完成后，点击选择**确定**选项

▲ 这组图是从视频中截取的。利用"延时短片"功能，可以将日出前后光线的变化在极短的时间内展示出来，极具视觉震撼力

短片伺服自动对焦速度

当启用"短片伺服自动对焦"功能,并且自动对焦方式设置为"自由移动 1 点"选项时,可以在"短片伺服自动对焦速度"菜单中设定在录制短片时,短片伺服自动对焦功能的对焦速度和应用条件。

●启用条件:选择"始终开启"选项,那么在"自动对焦速度"选项中的设置,将在短片拍摄之前和在短片拍摄期间都有效。选择"拍摄期间"选项,那么在"自动对焦速度"选项中的设置仅在短片拍摄期间生效。

● 自动对焦速度:可以将自动对焦转变速度从标准速度调整为慢 (七个等级之一) 或快 (两个等级之一),以获得所需的短片效果。

❶ 在**拍摄菜单 4** 中选择**延时短片**选项 ❷ 点击**启用条件**或**自动对焦速度**选项

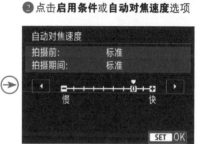

❸ 点击选择**始终开启**或**拍摄期间**选项 ❹ 点击■或■图标选择切换对焦的速度,然后点击 SET OK 图标确定

短片伺服自动对焦追踪灵敏度

当录制短片时,在使用了短片伺服自动对焦功能的情况下,可以在"短片伺服自动对焦追踪灵敏度"菜单中设置自动对焦追踪灵敏度。

灵敏度选项有七个等级,如果设置为偏向灵敏端的数值,那么当被摄体偏离自动对焦点时或者有障碍物从自动对焦点面前经过时,那么自动对焦点会对焦其他物体或障碍物。

而如果设置偏向锁定端的数值,则自动对焦点会锁定被摄体,而不会轻易对焦到别的位置。

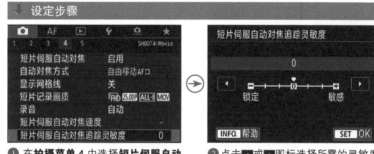

❶ 在**拍摄菜单 4** 中选择**短片伺服自动对焦追踪灵敏度**选项 ❷ 点击■或■图标选择所需的灵敏度等级,然后点击 SET OK 图标确定

● 锁定 (- 3/ - 2/ - 1):偏向锁定端,可以使相机在自动对焦点丢失原始被摄体的情况下,也不太可能追踪其他被摄体。设置的负数值越低,相机越追踪其他被摄体的概率越小。这样的设置,可以在摇摄期间或者有障碍物经过自动对焦点时,防止自动对焦点立即追踪非被摄体的其他物体。

● 敏感 (+1/+2/+3):偏向锁定端,可以使相机在追踪覆盖自动对焦点的被摄体时更敏感。设置数值越高,则对焦越敏感。这样的设置,适用于想要持续追踪与相机之间的距离发生变化的运动被摄体时,或者要快速对焦其他被摄体时的录制场景。

Chapter **07**
掌握Wi-Fi功能设定

使用 Wi-Fi 功能拍摄的三大优势

自拍时摆造型更自由

使用手机自拍时，虽然操作方便、快捷，但效果差强人意。而使用数码单反相机自拍时，虽然效果很好，但操作起来却很麻烦。通常在拍摄前要选好替代物，以便于相机锁定焦点，在自拍时还要准确地站立在替代物的位置，否则有可能导致焦点不实，更不用说还存在是否能捕捉到最灿烂笑容的问题。

但如果使用 Canon EOS 5D Mark IV 的 Wi-Fi 功能，则可以很好地解决这一问题。只要将智能手机注册到 Canon EOS 5D Mark IV 的 Wi-Fi 网络中，就可以将相机液晶显示屏中显示的影像，以直播的形式显示到手机屏幕上。这样在自拍时就能够很轻松地确认自己有没有站对位置、脸部是否是最漂亮的角度、笑容够不够灿烂等，通过手机检查后，就可以直接用手机控制快门进行拍摄。

在拍摄时，首先要用三脚架固定相机；然后再找到合适的背景，通过手机观察自己所站的位置是否合适，自由地摆出个人喜好的造型，并通过手中的智能手机确认姿势和构图；最后在远处通过手机控制释放快门完成拍摄。

▼ 使用Wi-Fi功能可以在较远的距离进行自拍，不用担心自拍延时时间不够用，又省去了来回奔跑看照片的麻烦，最方便的是可以有更充足的时间摆好姿势『焦距：70mm┊光圈：F4┊快门速度：1/320s┊感光度：ISO400』

在更舒适的环境中遥控拍摄

在野外拍摄星轨的摄友，大多都体验过刺骨的寒风和蚊虫的叮咬。这是由于拍摄星轨通常都需要长时间曝光，而且为了避免受到城市灯光的影响，拍摄地点通常选择在空旷的野外。因此，虽然拍摄的成果令人激动，但拍摄的过程的确是一种煎熬。

利用 Canon EOS 5D Mark Ⅳ 的 Wi-Fi 功能可以很好地解决这一问题。只要将智能手机注册到 Canon EOS 5D Mark Ⅳ 的 Wi-Fi 网络中，就可以在遮风避雨的拍摄场所，如汽车内、帐篷中，通过智能手机进行拍摄。

这一功能对于喜好天文和野生动物摄影的摄友而言，绝对值得尝试。

◀ 拍摄星轨题材最考验摄影师的耐心，使用 Wi-Fi 功能可以在帐篷中或汽车内边看手机边拍摄，拍摄方式更加方便、舒适『焦距：28mm ┆光圈：F8 ┆快门速度：2117s ┆感光度：ISO200 』

以特别的角度轻松拍摄

虽然，Canon EOS 5D Mark Ⅳ 的液晶显示屏是可翻折屏幕，但如果以较低的角度拍摄时，仍然不是很方便，利用 Canon EOS 5D Mark Ⅳ 的 Wi-Fi 功能可以很好地解决这一问题。

当需要以非常低的角度拍摄时，可以在拍摄位置固定好相机，然后通过智能手机的实时显示画面查看图像并释放快门。即使在拍摄时需要将相机贴近地面进行拍摄，拍摄者也只需站在相机的旁边，通过手机控制就能够轻松、舒适地抓准时机进行拍摄。

除了采用非常低的角度外，当以一个非常高的角度进行拍摄时，也可以使用这种方法进行拍摄。

通过智能手机遥控 Canon EOS 5D Mark Ⅳ 的操作步骤

在智能手机上安装 Camera Connect

使用智能手机遥控 Canon EOS 5D Mark Ⅳ 相机时，需要在智能手机中安装 Camera Connect 程序。Camera Connect 可在 Canon EOS 5D Mark Ⅳ 相机与智能设备之间建立双向无线连接。可将使用相机所拍的照片下载至智能设备，也可以在智能设备上显示照相机镜头视野从而遥控照相机。

如果使用的是苹果手机，可从 AppStore 下载安装 Camera Connect 的 iOS 版本；如果所使用手机的操作系统是安卓系统，则可以从豌豆夹、91 手机助手等 APP 下载网站下载 Camera Connect 的安卓版本。

▲ Camera Connect 程序图标

在相机上进行相关设置

如果要将智能手机与 Canon EOS 5D Mark Ⅳ 的 Wi-Fi 连接起来，需要先在相机菜单中对 Wi-Fi 功能进行一定的设置，具体操作流程如下：

启用 Wi-Fi 功能

在这个步骤中，要完成的任务是在相机中开启 Wi-Fi 功能。若手机支持 NFC 功能，则可以勾选"允许 NFC 连接"选项。

↓ 设定步骤

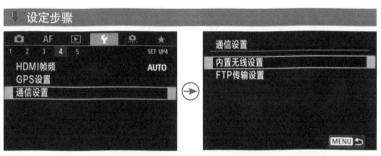

❶ 在**设置菜单4**中点击选择**通信设置**选项

❷ 点击选择**内置无线设置**选项

❸ 点击选择Wi-Fi/NFC选项

❹ 点击选择**启用**选项，然后点击 [SET OK] 图标确认

注册昵称

在这个步骤中，要完成的工作是为 Canon EOS 5D Mark Ⅳ 的 Wi-Fi 网络注册一个昵称，以便于在智能手机搜索无线网络后，在显示的无线网络列表中，能够凭借此昵称方便地找到 Canon EOS 5D Mark Ⅳ 的 Wi-Fi 网络。

在这里笔者将 Canon EOS 5D Mark Ⅳ 的 Wi-Fi 网络命名为 EOS 5D4。

① 在**设置菜单4**中点击选择**通信设置**选项

② 点击选择**昵称**选项

③ 显示注册昵称界面，点击选择文字或符号输入昵称，输入完成后点击 MENU OK 图标确认

连接至智能手机

在这个步骤中，要完成的任务是将 Canon EOS 5D Mark Ⅳ 的 Wi-Fi 网络连接设备选择为智能手机，并且选择连接方法，以显示网络的 8 位密钥。

这里讲解的是利用智能手机扫描 WLAN 网络进行连接的方法。对于支持 NFC 功能的智能手机，只要在 "Wi-Fi/NFC" 菜单中选择了 "允许 NFC 连接" 选项，然后打开手机上的 NFC 功能，直接触碰相机的 NFC 标记处即可建立连接。

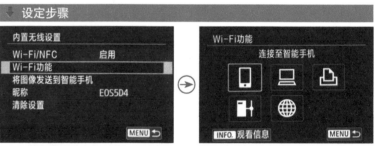

① 在**设置菜单4**中点击选择**通信设置**选项，然后点击选择Wi-Fi**功能**选项

② 点击选择连接至智能手机图标

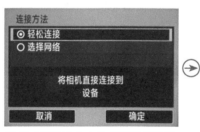

③ 在此界面中点击选择**轻松连接**选项，然后点击选择**确定**选项

④ 显示 SSID 名称与 8 位密钥，此时需操作手机连接

利用智能手机搜索无线网络

完成上述步骤的设置工作后，在这一步骤中需要启用智能手机的 Wi-Fi 功能，并接入 Canon EOS 5D Mark Ⅳ 的 Wi-Fi 网络。

① 开启智能手机的 Wi-Fi 功能，并搜索名为 EOS 5D4-075_Canono0A 的无线网络

② 在密码输入框中输入相机上显示的 8 位密钥，然后点击确定选项

③ 连接成功后的状态

在手机上查看及传输照片

完成前面的操作步骤后，从智能手机的主菜单中启动 Camera Connect 软件，以开始与相机建立连接，通过 Camera Connect 软件，可以将存储卡中的照片显示到智能手机上，用户可以查看并传输到手机。从而实现即拍即分享。

设定步骤

① 在手机上打开软件，将搜索到相机型号，点击所显示的型号开始建立连接

② 在相机上点击确定选项

③ 连接成功后，点击界面中**相机上的图像**选项

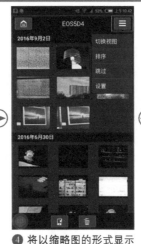

④ 将以缩略图的形式显示相机上的照片，点击红框所在的图标，可以进行切换视图、排序、跳过以及设置的操作

⑤ 在设置界面中，用户可以设定传输照片的尺寸、位置信息以及选择要在手机上播放照片的存储卡

▼ 设定步骤

⑥ 在缩略图显示界面中，点击 🔁 图标

⑦ 进入到照片选择界面

⑧ 点击想要传输的照片缩略图不放，使其出现蓝色勾选标志，然后点击右下方的**保存**选项

⑨ 将开始传输图像到手机，传输完成后即可通过移动网络将照片分享到微博、QQ好友、微信朋友圈等

在相机中选择照片传输到手机

除了可以在智能手机中选择照片另存到手机上外，在 Wi-Fi 连接持续有效的情况下，用户还可以通过在相机上选择照片传输到手机。在"将图像发送到智能手机"界面中，选择"调整图像尺寸"选项，用户可以选择发送是原始大小还是 S2 大小的照片；选择"发送显示的图像"选项，则只发送当前照片；选择"发送选定的图像"选项，则可以选择一张或多张照片发送到智能手机。

▼ 设定步骤

① 在**通信设置**菜单中选择**将图像发送到智能手机**选项

② 点击选择 SET 🔁 图标

③ 将显示此界面，用户可以点击选择三个选项

④ 若在步骤③中选择了**调整图像尺寸**选项，可以点击选择**原始尺寸**或**调整为S2**选项

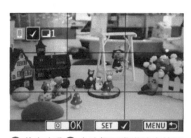

⑤ 若在步骤③中选择了**发送选定的图像**选项，在此界面中左右滑动选择要传输的照片，点击 SET ✓ 勾选，选择完成后点击 ⊡ OK 图标确定

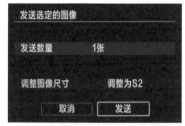

⑥ 点击**发送**选项，即开始传输照片，此时在软件中将自动接收文件

用智能手机进行遥控拍摄

使用 Wi-Fi 功能将 Canon EOS 5D Mark Ⅳ 相机连接到智能手机后，点击 Camera Connect 软件上的"遥控拍摄"即可启动实时显示遥控功能，智能手机屏幕将显示实时显示画面，用户还可以在拍摄前进行设置，如光圈、ISO、曝光补偿、驱动模式、手动对焦等参数。

设定步骤

❶ 在连接上相机 Wi-Fi 网络的情况下，点击软件界面中**遥控拍摄**选项

❷ 将实时显示图像，此时可以点击红框所示图标可以进入设置界面

❸ 在这里可以点击勾选**自动实时显示**及**显示自动对焦按钮**选项，当勾选了**显示自动对焦按钮**选项后可以在手机上进行自动对焦与测光

❹ 红框所示的圆形图标即为对焦图标，用户可以点击对焦框到画面的任一点，然后点击此图标进行测光与对焦。如果点击蓝框中的项目图标则可以进入项目修改

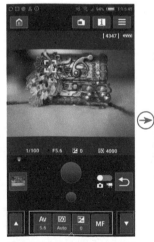   

❺ 点击红框所示的上或下图标，可以切换显示蓝框位置的项目，点击蓝框中的项目图标则可以进入详细修改

❻ 设置光圈值的界面

❼ 点击红框所在的快门按钮进行拍摄，拍摄后会在左下方显示一个缩略图

❽ 点击小的缩略图可以全屏查看，此时可以进行另存到手机、评分或删除的操作

Chapter 08

Canon EOS 5D Mark IV
的镜头选择

EF 镜头名称解读

通常镜头名称中会包含很多数字和字母，EF 系列镜头采用了独立的命名体系，各数字和字母都有特定的含义，熟记这些数字和字母代表的含义，就能很快地了解一款镜头的性能。

EF 24-105mm F4 L IS USM

❶   ❷   ❸   ❹

❶ 镜头种类

● EF

适用于 EOS 相机所有卡口的镜头均采用此标记，不仅可用于胶片单反相机，还可用于全画幅、APS-H 画幅以及 APS-C 画幅的数码单反相机。

● MP-E

最大放大倍率在 1 倍以上的 MP-E 65mm F2.8 1-5x 微距摄影镜头所使用的名称。MP 是 Macro Photo（微距摄影）的缩写。

● TS-E

可将光学结构中一部分镜片倾斜或偏移的特殊镜头的总称，也就是人们所说的"移轴镜头"。佳能原厂有 24mm、45mm、90mm 3 款移轴镜头。

❷ 焦距

表示镜头焦距的数值。定焦镜头采用单一数值表示，变焦镜头分别标记焦距范围两端的数值。

❸ 最大光圈

表示镜头所拥有最大光圈的数值。光圈恒定的镜头采用单一数值表示，如 EF 70-200mm F2.8 L IS USM；浮动光圈的镜头标出光圈的浮动范围，如佳能 EF 70-300mm F4-5.6 L IS USM。

❹ 镜头特性

● L

L 为 Luxury（奢侈）的缩写，表示此镜头属于高端镜头。此标记仅赋予通过了佳能内部特别标准认证的、具有优良光学性能的高端镜头。

● Ⅱ、Ⅲ

镜头基本上采用相同的光学结构，仅在细节上有微小差异时添加该标记。Ⅱ、Ⅲ表示是同一光学结构镜头的第 2 代和第 3 代。

● USM

表示自动对焦机构的驱动装置采用了超声波马达（USM）。USM 将超声波振动转换为旋转动力从而驱动对焦。

● 鱼眼（Fisheye）

表示对角线视角为 180°（全画幅时）的鱼眼镜头。之所以称之为鱼眼，是因为其特性接近于鱼从水中看陆地的视野。

● SF

被佳能 EF 135mm F2.8 SF 镜头所使用。其特征是利用镜片 5 种像差之一的"球面像差"来获得柔焦效果。

● DO

表示采用 DO 镜片（多层衍射光学元件）的镜头。其特征是可利用衍射改变光线路径，只用一片镜片对各种像差进行有效补偿，此外还能够起到减轻镜头重量的作用。

● IS

IS 是 Image Stabilizer（图像稳定器）的缩写，表示镜头内部搭载了光学式手抖动补偿机构。

● 小型微距

最大放大倍率为 0.5 的 EF 50mm F2.5 小型微距镜头所使用的名称。表示是轻量、小型的微距镜头。

● 微距

通常将最大放大倍率在 0.5~1 倍（等倍）范围内的镜头称为微距镜头。在 EF 系列镜头中，包括了 50~180mm 各种焦段的微距镜头。

● 1-5x 微距摄影

数值表示拍摄可达到的最大放大倍率。此处表示可进行等倍至 5 倍的放大倍率拍摄。在 EF 镜头中，将具有等倍以上最大放大倍率的镜头称为微距摄影镜头。

❶ 镜头种类	❷ 焦距
❸ 最大光圈	❹ 镜头特性

镜头焦距与视角的关系

每款镜头都有其固有的焦距，焦距不同，拍摄视角和拍摄范围也不同，而且不同焦距下的透视、景深等特性也有很大的区别。例如，使用广角镜头的 14mm 焦距拍摄时，其视角能够达到 114°；而如果使用长焦镜头的 200mm 焦距拍摄时，其视角只有 12°。不同焦距镜头对应的视角如下图所示。

由于不同焦距镜头的视角不同，因此，不同焦距镜头适用的拍摄题材也有所不同，比如焦距短、视角宽的镜头常用于拍摄风光；而焦距长、视角窄的镜头常用于拍摄体育比赛、鸟类等位于远处的对象。

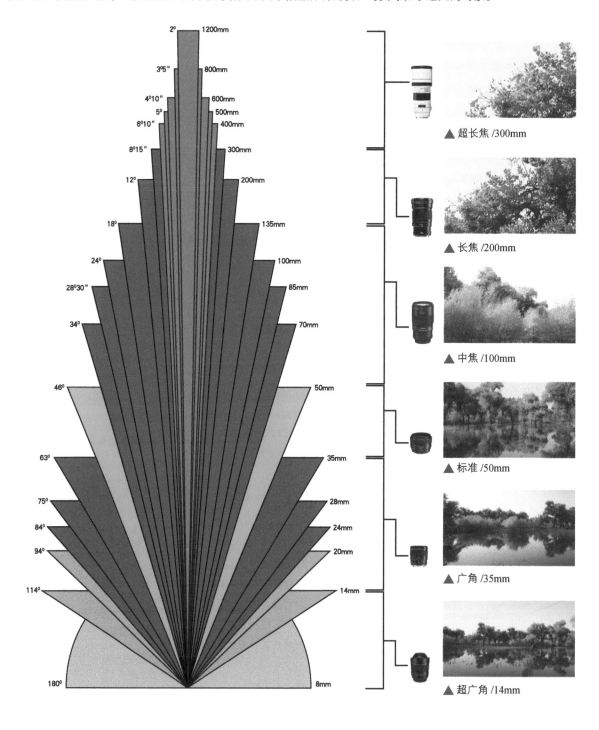

▲ 超长焦 /300mm

▲ 长焦 /200mm

▲ 中焦 /100mm

▲ 标准 /50mm

▲ 广角 /35mm

▲ 超广角 /14mm

镜头选购相对论

选购原厂还是副厂镜头

　　原厂镜头自然是指佳能公司生产的 EF 卡口镜头，由于是同一厂商开发的产品，因此更能够充分发挥相机与镜头的性能，在镜头的分辨率、畸变控制以及质量等方面都是出类拔萃的，但其价格不够平民化。

　　相对原厂镜头高昂的售价，副厂（第三方厂商）镜头似乎拥有更高的性价比，其中比较知名的品牌有腾龙、适马、图丽等。以腾龙 28-75mm F2.8 镜头为例，在拥有不逊于原厂同焦段镜头 EF 24-70mm F2.8 L USM 画面质量的情况下，其售价大约只有原厂镜头的 1/3，因而得到了很多用户的青睐。

　　当然，副厂镜头也有其不可回避的缺点，比如镜头的机械性能、畸变及色散等方面都存在一定的问题，作为一款准专业级的相机，为 Canon EOS 5D Mark Ⅳ 配备一支副厂镜头似乎有点"掉价"，但若真是囊中羞涩的话，却也不失为一个不错的选择。

选购定焦还是变焦镜头

　　定焦镜头的焦距不可调节，它拥有光学结构简单、最大光圈很大、成像质量优异等特点，在焦段相同的情况下，定焦镜头的拍摄效果往往可以和价值数万元的专业镜头媲美。其缺点就是，由于焦距不可调节，机动性较差，不利于拍摄时进行灵活的构图。

▲ 佳能 EF 50mm F1.2 L USM 定焦镜头

▼ 定焦镜头有着极其优异的成像质量『焦距：50mm ┆光圈：F1.8 ┆快门速度：1/640s ┆感光度：ISO100 』

变焦镜头的焦距可在一定范围内变化，其光学结构复杂、镜片数量较多，使得它的生产成本很高，少数恒定大光圈、成像质量优异的变焦镜头价格昂贵，通常在万元以上。变焦镜头的最大光圈较小，能够达到恒定 F2.8 光圈就已经是顶级镜头了，当然在售价上也是"顶级"的。

变焦镜头的存在，解决了我们以不同的景别拍摄时走来走去的难题，虽然在成像质量以及光圈上与定焦镜头相比有所不及，但那只是相对而言，在环境比较苛刻的情况下，变焦镜头确实能为我们提供更大的便利。

▲ 佳 能 EF 70-200mm F2.8 L Ⅱ IS USM 变焦镜头

◀ 在这组照片中，摄影师只是在较小的范围内移动，就拍摄到了完全不同景别和环境的照片，这都得益于使用变焦镜头的不同焦距

8 款佳能高素质镜头点评

EF 14mm F2.8 L Ⅱ USM ┃超广角镜头带来独特的画面表现力

　　这款佳能 L 系列超广角定焦镜头具有优异的光学素质，相比于 1991 年发售的 EF 14mm F2.8 L USM 镜头，这款升级版二代镜头在原有的基础上进行了很多改进，不仅重新进行了镜组排列，由原来的 10 组 14 片改为 11 组 14 片，最近对焦距离也从 0.25m 缩短到了 0.2m。

　　该镜头采用圆形光圈，可全时手动对焦，并具有出色的防水、防尘性能。该镜头采用了 11 组 14 片的光学结构，包括两片 UD 超低色散镜片和两片非球面镜片，使得畸变及暗角等超广角镜头存在的常见问题得到了有效改善。

　　在分辨率方面，收缩两挡光圈以后，画面的色彩、中心及边缘的成像质量都是无懈可击的，身价 2 万自然不同凡响。

　　使用在 Canon EOS 5D Mark IV 这样的全画幅相机上，更能够感受到超广角定焦镜头的独特魅力，充分利用 20cm 的最近对焦距离，还能够拍摄出一些特别的摄影作品。

镜片结构	11组14片
光圈叶片数	6
最大光圈	F2.8
最小光圈	F22
最近对焦距离（cm）	20
最大放大倍率	0.15
规格（mm）	80×94
质量（g）	645

▼『焦距：14mm ┊光圈：F11 ┊快门速度：1/180s ┊感光度：ISO200』

EF 50mm F1.2 L USM ｜超大光圈带来独具魅力的浅景深虚化

　　这款标准定焦镜头采用了最新的光学技术，在用料上可谓不遗余力，其尺寸达到了85.8mm×65.5mm，质量更是达到了590g，这样的镜头配在 Canon EOS 5D Mark Ⅳ机身上，重量还算平衡。

　　作为一款超大光圈镜头，其对焦速度是被大家重点关注的一个性能。这款镜头内置了高速 CPU 及优化设计的自动对焦算法，能够实现较高速的对焦——当然，在光圈全开的情况下，对焦速度还是有待改进的。

　　这款镜头采用了一枚高精度非球面镜片来降低球面像差，同时还提高了成像的锐度，从而获得反差良好的高画质影像。而8叶光圈片则保证了镜头拥有极佳的虚化效果。

　　另外，作为一款 L 级镜头，其卡口部位采用了严格的防尘、防滴密封设计，即使在苛刻的环境中，也能够从容拍摄。

镜片结构	6组8片
光圈叶片数	8
最大光圈	F1.2
最小光圈	F16
最近对焦距离（cm）	45
最大放大倍率	0.15
滤镜尺寸（mm）	72
规格（mm）	85.8×65.5
质量（g）	590

▼ 『焦距：50mm ┊光圈：F2.8 ┊快门速度：1/250s ┊感光度：ISO100』

EF 85mm F1.2 L Ⅱ USM ┃ "大眼睛"无愧于人像镜王之称

　　85mm 一直被认为是较佳的人像拍摄焦距，因此佳能的这款 F1.2 超大光圈镜头，为营造迷人的虚化效果、弱光下的出色表现等提供了绝佳的保障。

　　这款二代 85mm F1.2 镜头，采用了一块超大型研削非球面镜片及两枚高折射率镜片，配合全新的镀膜技术，对提升画面解像力、改善球面像差及抵制鬼影等都起到了非常积极的作用。

　　在对焦系统方面，这款镜头采用了浮动对焦设计，并引入了新款 CPU 及自动对焦演算方法，令对焦及反应速度较前代提高了 1.8 倍之多——虽然尚不及内对焦或后对焦镜头，但较上一代镜头出现的那种"拉风箱"的现象，已经改善了很多。

　　要注意的是，在光圈全开的情况下，暗角问题会比较严重，收缩一挡光圈后会得到极大的改善。

镜片结构	7组8片
光圈叶片数	8
最大光圈	F1.2
最小光圈	F16
最近对焦距离（cm）	95
最大放大倍率	0.11
滤镜尺寸（mm）	72
规格（mm）	91.5×84
质量（g）	1025

▼『焦距：85mm ┊ 光圈：F3.5 ┊ 快门速度：1/400s ┊ 感光度：ISO100』

EF 16-35mm F2.8 L Ⅱ USM ┃覆盖常用广角焦段的高性能大光圈镜头

这款广角变焦镜头接装在 Canon EOS 5D Mark Ⅳ相机上，可以说基本覆盖了常用的广角焦距，在恒定 F2.8 的大光圈下，长焦端用于拍摄环境人像也是非常不错的选择。

在镜片组成上，采用了 3 片研磨、复合及超精度模铸非球面镜片，同时还包括了两枚 UD 镜片，对提高画质、校正像差等起到了非常重要的作用。

作为 L 级镜头，在卡口、变焦环、对焦环等位置都做了密封处理，具备良好的防尘、防滴性能。

需要注意的是，这款镜头是佳能旗下首款采用 82mm 滤镜尺寸的 L 镜头，与以往大三元 77mm 的滤镜尺寸不同，因此在滤镜的使用上并不通用，如果比较介意这一点的话，应慎重购买。

镜片结构	12组16片
光圈叶片数	7
最大光圈	F2.8
最小光圈	F22
最近对焦距离（cm）	28
最大放大倍率	0.22
滤镜尺寸（mm）	82
规格（mm）	88.5×111.6
质量（g）	640

▼ 『焦距：20mm ┆光圈：F8 ┆快门速度：8s ┆感光度：ISO100』

EF 24-70mm F2.8 L Ⅱ USM ┃顶级标准变焦镜头

　　佳能 EF 24-70mm F2.8 L Ⅱ USM 于 2012 年 2 月发布，距离上一代产品足足相隔了十年，作为名副其实的"镜皇"级产品，自然备受关注。

　　在硬件结构上，佳能 EF 24-70mm F2.8 L Ⅱ USM 比上一代产品增加了两个镜片，总数达到了 16 片，其中配置了 1 片研磨非球面镜片、2 片 GMo（玻璃模铸）非球面镜片、1 片超级超低色散镜片和 2 片超低色散镜片，从而在整体上提高了镜头的成像质量，并减轻畸变、色散等现象，仅从这些特殊镜片上就不难看出，这款镜头可谓是用料十足。

　　这款镜头不仅在中心区域的成像质量有大幅的提高，而且边缘区域的成像质量也优于上一代产品，但在光圈全开时，仍然会出现较明显的暗角现象，尤其采用广角端拍摄时，画面质量与上一代产品相比并无明显提高，建议收缩一挡光圈进行拍摄。在色散方面，这款镜头表现出了非常稳定且优秀的性能，仅在 24mm 光圈全开的情况下会出现略明显的色散现象，在其他情况下，产生的色散几乎可以忽略不计。

镜片结构	13组16片
光圈叶片数	9
最大光圈	F2.8
最小光圈	F22
最近对焦距离（cm）	38
最大放大倍率	0.29
滤镜尺寸（mm）	82
规格（mm）	83.2×213.5
质量（g）	950

▼ 『焦距：24mm ┊ 光圈：F7.1 ┊ 快门速度：1/100s ┊ 感光度：ISO100』

EF 70-200mm F2.8 L IS Ⅱ USM ┃顶级技术造就出的顶级镜头

这款"小白 IS""爱死小白"的第二代产品，被人亲昵地冠以"小白兔"的绰号，它与 Canon EOS 5D Mark Ⅳ 接装在一起，不论是名字还是性能，都相当般配。

作为佳能 EOS 顶级 L 镜头的代表，它采用了 5 片超低色散镜片和 1 片萤石镜片，可以对色像差进行了良好的补偿。在镜头对焦镜片组（第 2 组镜片）配置的超低色散镜片，可以对对焦时容易出现的倍率色像差进行补偿。采用优化的镜片结构以及超级光谱镀膜，可以有效抑制眩光与鬼影。全新的 IS 影像稳定器可带来相当于提高约 4 级快门速度的抖动补偿效果。

总的来说，这款镜头囊括了几乎佳能所有的高新技术，性能上拥有绝对的保障，但近 1.5 万元的售价也确实不是人人负担得起的。

镜片结构	19组23片
光圈叶片数	8
最大光圈	F2.8
最小光圈	F32
最近对焦距离（cm）	120
最大放大倍率	0.21
滤镜尺寸（mm）	77
规格（mm）	89×199
质量（g）	1490

▼ 『焦距：200mm ┆光圈：F8 ┆快门速度：1/800s ┆感光度：ISO100』

EF 300mm F4 L IS USM ｜ 集性能与轻便为一体的高性价比防抖镜头

这款镜头与同系列的 F2.8 镜头相比，在重量上降低了一半，而价格仅相当于 F2.8 镜头的 1/3，配合可以提高两级快门速度的 IS 防抖系统，使其性价比极高。

当然，作为首批加入 IS 防抖系统的 L 镜头，与市面上主流的提高 4 级快门速度的防抖系统相比，这款镜头显得略逊色一些。另外，如果使用三脚架辅助拍摄，建议关闭 IS 功能，因为相机不能识别反光板升起和落下时的震动，如果打开 IS 功能，反而可能影响画面质量。

这款镜头使用的两片 UD 镜片能够极大消除二级色差。另外，如果与 EF 1.4x Ⅲ 或 EF 2x Ⅲ 增距镜配合使用，则光圈分别会降至 F5.6、F8，此时能否保证足够的快门速度，是用户需要特别考虑的问题。

镜片结构	11组15片
光圈叶片数	8
最大光圈	F4
最小光圈	F32
最近对焦距离（cm）	150
最大放大倍率	0.24
滤镜尺寸（mm）	77
规格（mm）	90×221
质量（g）	1190

▼『焦距：200mm ┊光圈：F4 ┊快门速度：1/200s ┊感光度：ISO200』

EF 100mm F2.8 L IS USM | 带有防抖功能的专业级微距镜头

在微距摄影中，100mm 左右焦距的 F2.8 专业微距镜头，被人们称为"百微"，也是各镜头厂商的必争之地。

从尼康的 105mm F2.8 镜头加入 VR 防抖功能开始，各"百微"镜头也纷纷升级加入各自的防抖功能。佳能这款镜头就是典型的代表之一，其双重 IS 影像稳定器能够在通常的拍摄距离下实现约相当于提高 4 级快门速度的手抖动补偿效果；当放大倍率为0.5 倍时，能够获得约相当于提高 3 级快门速度的手动补偿效果；当放大倍率为 1 倍时，能够获得约相当于提高 2 级快门速度的手抖动补偿效果，为手持微距拍摄提供了更大的保障。

这款镜头包含了 1 片对色像差有良好补偿效果的超低色散镜片，优化的镜片位置和镀膜可以有效抑制鬼影和眩光的产生。为了保证能够得到漂亮的虚化效果，镜头采用了圆形光圈，为塑造唯美的画面效果创造了良好的条件。

镜片结构	12组15片
光圈叶片数	9
最大光圈	F2.8
最小光圈	F32
最近对焦距离（cm）	30
最大放大倍率	1
滤镜尺寸（mm）	67
规格（mm）	77.7×123
质量（g）	625

▼ 『焦距：100mm ┆光圈：F6.3 ┆快门速度：1/400s ┆感光度：ISO200 』

选购镜头时的合理搭配

不同焦段的镜头有着不同的功用，如85mm焦距镜头被奉为人像摄影的不二之选，而50mm焦距镜头在人文、纪实等领域也有着无可替代的作用。根据拍摄对象的不同，可以选择广角、中焦、长焦以及微距等多个焦段的镜头。

如果要购买多支镜头以满足不同的拍摄需求，一定要注意焦段的合理搭配，比如佳能镜皇中"大三元"系列的3支镜头，即EF 16-35mm F2.8 L II USM、EF 24-70mm F2.8 L USM、EF 70-200mm F2.8 L IS II USM镜头，覆盖了从广角到长焦最常用的焦段，并且各镜头之间焦距的衔接极为紧密，即使是专业摄影师，也能够满足绝大部分拍摄需求。

即使是普通的摄影爱好者，在选购镜头时也应该特别注意各镜头间的焦段搭配，尽量避免重合，甚至可以留出一定的"中空"，以避免造成浪费——毕竟好的镜头是很贵的。

16~35mm 焦段	24~70mm焦段	70~200mm焦段

EF 16-35mm F2.8 L II USM	EF 24-70mm F2.8 L USM	EF 70-200mm F2.8 L IS II USM

镜头常见问题解答

Q: 如何准确理解焦距?

A: 镜头的焦距是指对无限远处的被摄体对焦时镜头中心到成像面的距离，一般用长短来描述。焦距变化带来的不同视觉效果主要体现在视角上。

视野宽广的广角镜头，光照进镜头的入射角度较大，镜头中心到光集结起来的成像面之间的距离较短，对角线视角较大，因此能够拍出场景更广阔的画面。而视野窄的长焦镜头，光的入射角度较小，镜头中心到成像面的距离较长，对角线视角较小，因此适合以特写的角度拍摄远处的景物。

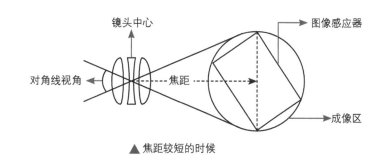

▲ 焦距较短的时候

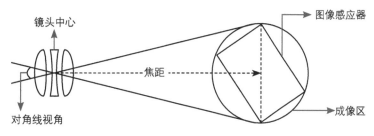

▲ 焦距较长的时候

Q：什么是对焦距离？

A：所谓对焦距离是指从被摄体到成像面（图像感应器）的距离，以相机焦平面标记到被摄体合焦位置的距离为计算基准。

许多摄影爱好者常常将其与镜头前端到被摄体的距离（工作距离）相混淆，其实对焦距离与工作距离是两个不同的概念。

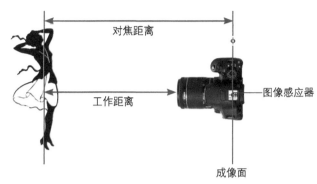

▲ 对焦距离示意图

Q：什么是最近对焦距离？

A：最近对焦距离是指能够对被摄体合焦的最短距离。也就是说，如果被摄体到相机成像面的距离短于该距离，那么就无法完成合焦，即距离相机小于最近对焦距离的被摄体将会被全部虚化。在实际拍摄时，拍摄者应根据被摄体的具体情况和拍摄目的来选择合适的镜头。

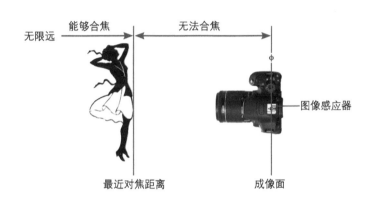

▲ 最近对焦距离示意图

Q：什么是镜头的最大放大倍率？

A：最大放大倍率是指被摄体在成像面上成像大小与实际大小的比率。如果拥有最大放大倍率为等倍的镜头，就能够在图像感应器上得到和被摄体大小相同的图像。

对于数码照片而言，因为可以使用比图像感应器尺寸更大的回放设备（如计算机等）进行浏览，所以成像看起来如同被放大一般，但最大放大倍率还是应该以在成像面上的成像大小为基准。

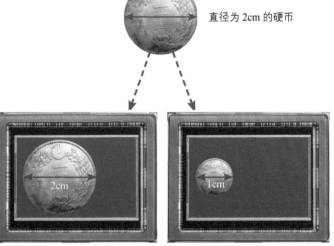

▲ 使用最大放大倍率约为1倍的镜头将其拍摄到最大，在图像感应器上的成像直径为2cm

▲ 使用最大放大倍率约为0.5倍的镜头将其拍摄到最大，在图像感应器上的成像直径为1cm

Q：镜头光圈的大小与取景器有什么关系？

A：镜头光圈的大小不仅影响到虚化效果，还与取景器内的成像有很大的关系。取景器的亮度由镜头的最大光圈决定，而不是由当前使用的光圈值决定。如今的数码单反相机都是采用"全开光圈测光"系统来控制自动曝光的。所谓的"全开光圈测光"是指在光圈全开的状态下，利用通过镜头的全部光线进行测光的系统。因此，使用最大光圈进行拍摄，取景器中的图像会显得很明亮，也能够很容易地使用手动对焦的方式进行合焦。

Q：使用脚架进行拍摄时是否需要关闭镜头的 IS 功能？

A：一般情况下，使用脚架拍摄时需要关闭 IS，这是为了防止防抖功能将脚架的操作误检测为手的抖动。对一部分远摄镜头而言，当使用脚架进行拍摄时，会自动切换至三脚架模式，这样就不用关闭 IS 了。

Q：什么是"全时手动对焦"？

A："全时手动对焦"是指在自动对焦过程中，可利用手动的方式对对焦点进行微调，不需要切换对焦模式就能够在自动对焦过程中进行手动对焦。这是 EF 镜头独有的结构，采用齿轮或传动轴与机身啮合的驱动方式很难实现这一功能。

Q：变焦镜头中最大光圈不变的镜头是否性能更加优异？

A：变焦镜头的最大光圈有两种表示方法，分别由一个数字组成和由两个数字组成（例如 F6.3 或 F3.5-6.3）。前者是在任何焦段最大光圈值都不变的"固定光圈值"，后者是根据焦段不同，最大光圈不断变化的"非固定光圈值"。镜头最大光圈的变化，在有效口径一定的变焦镜头中是必然现象，不能用来作为判断镜头性能是否优异的标准。

Q：什么情况下应使用广角镜头拍摄？

A：如果拍摄照片时有以下需求，可以使用广角镜头进行拍摄。

● 更大的景深：在光圈和拍摄距离相同的情况下，与标准镜头或长焦镜头相比，使用广角镜头拍摄的场景清晰范围更大，因此可以获得更大的景深。

● 更宽的视角：使用广角镜头可以将更宽广的场景容纳在取景框中，且焦距越短，能够拍摄到的场景越宽。因此拍摄风景时可以获得更广阔的背景，拍摄合影时可以在一张照片中容纳更多的人。

● 需要手持拍摄：使用短焦距拍摄要比使用长焦距更稳定，例如使用 14mm 焦距拍摄时，完全可以手持相机并使用较低的快门速度，而不必担心相机的抖动问题。

● 透视变形：使用广角镜头拍摄时，被摄对象距离镜头越近，其在画面中的变形幅度也就越大，虽然这种变形不成比例，但如果在拍摄时要使其从整幅画面中凸显出来，则可以使用这种透视变形来突出强调前景中的被摄对象。

Q：使用广角镜头的缺点是什么？

A：广角镜头虽然非常有特色，但也存在一些缺陷。

● 边角模糊：对于广角镜头，特别是广角变焦镜头来说，最常见的问题是照片四角模糊。这是由镜头的结构导致的，因此较为普遍，尤其是使用 F2.8、F4 这样的大光圈时。在廉价广角镜头中，这种现象更严重。

● 暗角：由于进入广角镜头的光线是以倾斜的角度进入的，而此时光圈的开口不再是一个圆形，而是类似于椭圆的形状，因此照片的四角处会出现变暗的情况，如果缩小光圈，则可以减弱这个现象。

● 桶形失真：使用广角镜头拍摄的图像中，除中心位置以外的直线将呈现向外弯曲的形状（好似一个桶的形状），在拍摄人像、建筑等题材时，会导致所拍摄出来的照片失真。

Chapter
09
用附件为照片增色的技巧

存储卡：容量及读写速度同样重要

认识存储卡

Canon EOS 5D Mark IV作为准专业级相机，配备了两个存储卡插槽，分别可以安装 SD 和 CF 存储卡，在购买时，建议不要买一张大容量的存储卡，而是分成两张购买。比如要购买 128G 的 SD 卡，则建议购买两张 64G 的存储卡，虽然在使用时有换卡的麻烦，但两张卡同时出现故障的概率要远小于 1 张卡。

Q：什么是 SDHC 型存储卡？

A：SDHC 是 Secure Digital High Capacity 的缩写，即高容量 SD 卡。SDHC 型存储卡最大的特点就是高容量（2~32GB）。另外，SDHC 采用的是 FAT32 文件系统，其传输速度分为 Class2（2MB/s）、Class4（4MB/s）、Class6（6MB/s）等级别，高速 SD 卡可以支持高分辨率视频的实时存储。

Q：什么是 SDXC 型存储卡？

A：SDXC 是 SD eXtended Capacity 的缩写，即超大容量 SD 存储卡。其最大容量可达 64GB，理论容量可达 2TB。此外，其数据传输速度也很快，最大理论传输速度能达到 300MB/s。但目前许多数码相机及读卡器并不支持此类型的存储卡，因此在购买前要确定当前所使用的数码相机与读卡器是否支持此类型的存储卡。

Q：存储卡上的 I 与 U 标识是什么意思？

A：存储卡上的 I 标识表示此存储卡支持 UHS（Ultra High Speed 即超高速）接口，即其带宽可以达到 104MB/s，因此，如果电脑的 USB 接口为 USB 3.0，存储卡中的 1G 照片只需要几秒就可以传输到电脑中。如果存储卡上标识有 U，则说明该存储卡还能够满足实时存储高清视频的 UHS Speed Class 1 标准。

▲ 不同格式的 SDXC 及 SDHC 存储卡

▲ 质量可靠的高速存储卡是快速连拍的必要保证

遮光罩：遮挡不必要的光线

遮光罩由金属或塑料制成，安装在镜头前方，用于遮挡住不必要的光线，避免产生光斑、生成灰雾等破坏成像质量。

在选购遮光罩时，要注意与镜头的匹配。广角镜头的遮光罩较短，而长焦镜头的遮光罩较长。如果把适用长焦镜头的遮光罩安装在广角镜头上，画面四周的光线会被挡住而出现明显的暗角；而把适用广角镜头的遮光罩安装在长焦镜头上，则起不到遮光的作用。

另外，遮光罩的接口大小应与镜头安装滤镜的尺寸相符合。

▲ 不同形状的遮光罩

▲ 采用逆光拍摄此类场景时，需要特别注意使用合适的遮光罩，以避免在画面中出现眩光『焦距：29mm ┊光圈：F22 ┊快门速度：6s ┊感光度：ISO50 』

手柄：方便竖拍及延长拍摄时间

手柄也被称为竖拍手柄、电池盒或电池手柄，几乎所有的佳能新型数码单反相机都可以安装手柄，但每款数码相机对应的手柄型号有所不同，功能也有所差异，佳能官方提供的与Canon EOS 5D Mark Ⅳ 配套使用的手柄型号为BG-E20。

使用手柄的好处之一就在于，可以安装两块电池——Canon EOS 5D Mark Ⅳ 使用的原厂电池型号为LP-E6N，也可以使用其他副厂的电池替代，这样就能够胜任更长时间的拍摄工作。它的另一大功能就是，手柄上置有快门、曝光 / 对焦锁定按钮，在经常进行竖幅拍摄时，使用该手柄可以更方便地完成拍摄工作。

▲ 佳能 BG-E20 手柄

UV 镜：保护镜头的选择之一

UV 镜也叫"紫外线滤镜"，主要是针对胶片相机而设计的，用于防止紫外线对曝光的影响，提高成像质量，增加影像的清晰度。而现在的数码相机已经不存在这个问题了，但由于其价格低廉，已成为摄影师用来保护数码相机镜头的工具。

笔者强烈建议用户在购买镜头的同时也购买一款 UV 镜，以更好地保护镜头不受灰尘、手印以及油渍的侵扰。除了购买佳能原厂的 UV 镜外，肯高、HOYO、大自然及 B+W 等厂商生产的 UV 镜也不错，性价比很高。口径越大的 UV 镜，价格自然也就越高。

▲ B+W UV 镜

▲ 在镜头前安装品质较高的UV镜不会影响画面的成像质量『焦距：135mm ┆光圈：F2 ┆快门速度：1/25s ┆感光度：ISO1600 』

保护镜：更专业的镜头保护滤镜

如前所述，在数码摄影时代，UV 镜的主要作用是保护镜头，开发这种 UV 镜的目的是兼顾数码相机与胶片相机。但考虑到胶片相机逐步退出了主流民用摄影市场，各大滤镜厂商在开发 UV 镜时已经不再考虑胶片相机，因此由这种 UV 镜演变出了专门用于保护镜头的一种滤镜——保护镜，这种滤镜的功能只有一个，就是保护价格昂贵的镜头。

与 UV 镜一样，口径越大的保护镜价格越贵，通光性越好的保护镜价格也越贵。

▲ 不同口径的肯高保护镜

偏振镜：消除或减少物体表面的反光

什么是偏振镜

偏振镜也叫偏光镜或PL镜，主要用于消除或减少物体表面的反光。在风光摄影中，为了降低反光、获得浓郁的色彩，又或者希望拍摄到清澈见底的水面、透过玻璃拍好里面的物品等，一个好的偏振镜是必不可少的。

偏振镜分为线偏和圆偏两种，数码相机应选择有"C-PL"标志的圆偏振镜，因为在数码单反相机上使用线偏振镜容易影响测光和对焦。

在使用偏振镜时，可以旋转其调节环以选择不同的强度，在取景窗中可以看到一些色彩上的变化。同时需要注意的是，使用偏振镜后会阻碍光线的进入，大约相当于2挡光圈的进光量，故在使用偏振镜时，我们需要降低约2挡的快门速度，这样才能拍出与未使用时相同曝光量的照片。

▲ 肯高 67mm C-PL（W）偏振镜

用偏振镜压暗蓝天

晴朗天空中的散射光是偏振光，利用偏振镜可以减少偏振光，使蓝天变得更蓝、更暗。加装偏振镜后所拍摄的蓝天，比使用蓝色渐变镜拍摄的蓝天要更加真实，因为使用偏振镜拍摄，既能压暗天空，又不会影响其余景物的色彩还原。

用偏振镜提高色彩饱和度

如果拍摄环境的光线比较杂乱，会对景物的色彩还原产生很大的影响。环境光和天空光在物体上形成的反光，会使景物的颜色看起来并不鲜艳。使用偏振镜进行拍摄，可以消除杂光中的偏振光，减少杂散光对物体颜色还原的影响，从而提高物体的色彩饱和度，使景物的颜色显得更加鲜艳。

用偏振镜抑制非金属表面的反光

使用偏振镜拍摄的另一个好处就是可以抑制被摄体表面的反光。我们在拍摄水面、玻璃表面时，经常会遇到反光，使用偏振镜则可以削弱水面、玻璃以及其他非金属物体表面的反光。

▲ 使用偏振镜消除水面的反光，从而拍摄到更加清澈的水面『焦距：35mm ┊ 光圈：F8 ┊ 快门速度：1/250s ┊ 感光度：ISO320』

中灰镜：减少镜头的进光量

什么是中灰镜

中灰镜又被称为 ND（Neutral Density）镜，是一种不带任何色彩成分的灰色滤镜，安装在镜头前面时，可以减少镜头的进光量，从而降低快门速度。当光线太过充足而导致无法降低快门速度时，可以使用中灰镜。

▲ 肯高 52mm ND4 中灰镜

中灰镜的规格

中灰镜分不同的级数，常见的有 ND2、ND4、ND8 三种，分别代表了可以降低 1 挡、2 挡和 3 挡快门速度。例如，在晴朗天气条件下使用 F16 的光圈拍摄瀑布时，得到的快门速度为 1/16s，使用这样的快门速度拍摄无法使水流虚化，此时可以安装 ND4 型号的中灰镜，或安装两块 ND2 型号的中灰镜，使镜头的进光量降低，从而降低快门速度至 1/4s，即可得到预期的效果。

中灰镜各参数对照表				
透光率（p）	密度（D）	阻光倍数（O）	滤镜因数	曝光补偿级数（应开大光圈的级数）
50%	0.3	2	2	1
25%	0.6	4	4	2
12.5%	0.9	8	8	3
6%	1.2	16	16	4

通过使用中灰镜降低快门速度，拍摄到水流连成丝线状的效果｜焦距：35mm｜光圈：F16｜快门速度：2s｜感光度：ISO100

中灰渐变镜：平衡画面曝光

什么是中灰渐变镜

渐变镜是一种一半透光、一半阻光的滤镜，分为圆形和方形两种，在色彩上也有很多选择，如蓝色、茶色等。而在所有的渐变镜中，最常用的应该是中灰渐变镜。中灰渐变镜是一种中性灰色的渐变镜。

▲ 不同形状的中灰渐变镜

不同形状渐变镜的优缺点

中灰渐变镜有圆形与方形两种，圆形渐变镜是安装在镜头上的，使用起来比较方便，但由于渐变是不可调节的，因此只能拍摄天空约占画面50%的照片；而使用方形渐变镜时，需要买一个支架装在镜头前面才可以把滤镜装上，其优点是可以根据构图的需要调整渐变的位置。

▲ 安装中灰渐变镜后的相机效果

在阴天使用中灰渐变镜改善天空影调

中灰渐变镜几乎是在阴天时唯一能够有效改善天空影调的滤镜。在阴天条件下，虽然乌云密布显得很有层次，但是实际上天空的亮度仍然远远高于地面，所以如果按正常曝光手法拍摄，得到的画面中天空会由于过曝而显得没有层次感。此时，如果使用中灰渐变镜，用深色的一端覆盖天空，则可以通过降低镜头的进光量来延长曝光时间，使云的层次得到较好的表现。

使用中灰渐变镜降低明暗反差

当拍摄日出、日落等明暗反差较大的场景时，为了使较亮的天空与较暗的地面得到均匀的曝光，可以使用中灰渐变镜拍摄。拍摄时用较暗的一端覆盖天空，即可降低此区域的通光量，从而使天空与地面均得到正确曝光。

▲ 借助于中灰渐变镜压暗过亮的天空，缩小其与地面的明暗差距，得到了层次细腻的画面效果『焦距：18mm ┊光圈：F10 ┊快门速度：1/160s ┊感光度：ISO200』

快门线：避免直接按下快门产生震动

快门线的作用

在对拍摄的稳定性要求很高的情况下，通常会采用快门线与脚架结合使用的方式进行拍摄。其中，快门线的作用就是为了尽量避免直接按下机身快门时可能产生的震动，以保证拍摄时相机保持稳定，从而获得更高的画面质量。

▲ 这幅夜景照片的曝光时间达到了 20s，为了保证画面不会模糊，快门线与三脚架是必不可少的『焦距：20mm ┊ 光圈：F13 ┊ 快门速度：20s ┊ 感光度：ISO160 』

快门线的使用方法

将快门线与相机连接后，可以像在相机上操作一样，半按快门进行对焦、完全按下快门进行拍摄，但由于不用触碰机身，因此在拍摄时可以避免相机的抖动。Canon EOS 5D Mark Ⅳ使用的是型号为 RS-80N3 的快门线。

▲ RS-80N3 快门线

遥控器：遥控对焦及拍摄

遥控器的作用

如同电视机的遥控器一样，我们可以在远离相机的情况下，使用遥控器进行对焦及拍摄，通常这个距离是 10m 左右，这已经可以满足自拍或拍集体照的需求了。

Canon EOS 5D Mark Ⅳ可使用以下三种类型的遥控器。其中 RC-6 的操作半径为 5 米，此遥控器使用的是型号为 CR2032 的纽扣电池，在满电的情况下，可以进行约 6000 次信号传递。LC-5 无线遥控器 的工作范围可以达到 100 米，可以很好地弥补 RC-6 工作半径较小的缺点。TC-80N3 定时遥控器带有自拍定时功能，使用的也是型号为 CR2032 的纽扣电池。

▲ 佳能 RC-6 遥控器是功能最简单的遥控器，工作范围为 5m 左右

▲ 佳能TC-80N3定时遥控器

▶LC-5无线遥控器

如何进行遥控拍摄

使用RC-1 或 RC-6（均为另售）遥控器，可以在最远距离相机约 5 米的地方进行遥控拍摄，也可进行延时拍摄。遥控拍摄的流程如下。

❶ 将电源开关置于 ON 位置。

❷ 半按快门对被摄对象进行预先对焦。

❸ 将镜头的对焦模式开关置于 MF 位置，采用手动对焦；也可以将对焦模式开关调到 AF 位置，采用自动对焦。

❹ 按下 DRIVE 按钮，转动速控转盘选择 10 秒或 2 秒自拍模式。

❺ 将遥控器朝向相机的遥控感应器并按下传输按钮，自拍指示灯点亮并拍摄照片。

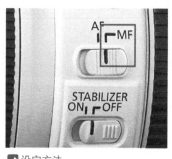

▶ 设定方法

将镜头上的对焦模式开关调到 MF 位置，即可切换至手动对焦模式

▶ 设定方法

按住 DRIVE 按钮，然后转动速控转盘选择 10 秒自拍 / 遥控 或 2 秒自拍 / 遥控

脚架：保持相机稳定的基本装备

脚架是最常用的摄影配件之一，使用它可以让相机变得更稳定，以保证长时间曝光的情况下也能够拍摄到清晰的照片。

脚架的分类

市场上的脚架类型非常多，按材质可以分为木质、高强塑料材质、合金材料、钢铁材料、碳素纤维及火山岩等几种，其中以铝合金及碳素纤维材质的脚架最为常见。

铝合金脚架的价格较便宜，但重量较重，不便于携带；碳素纤维脚架的档次要比铝合金脚架高，便携性、抗震性、稳定性都很好，在经济条件允许的情况下，是非常理想的选择。它的缺点是价格很贵，往往是相同档次铝合金脚架的好几倍。

▲ 三脚架（左）与独脚架（右）

另外，根据支脚数量可把脚架分为三脚与独脚两种。三脚架用于稳定相机，甚至在配合快门线、遥控器的情况下，也可实现完全脱机拍摄；而独脚架的稳定性能要弱于三脚架，主要是起支撑的作用，在使用时需要摄影师来控制独脚架的稳定性，由于其体积和重量都只有三脚架的 1/3，无论是旅行还是日常拍摄携带都十分方便。

云台的分类

云台是连接脚架和相机的配件，用于调节拍摄的角度，包括三维云台和球形云台两类。三维云台的承重能力强、构图十分精准，缺点是占用的空间较大，在携带时稍显不便；球形云台体积较小，只要旋转按钮，就可以让相机迅速转到所需的角度，操作起来十分方便。

▲ 三维云台（左）与球形云台（右）

5D Mark IV

Q：在使用三脚架的情况下怎样做到快速对焦？

A：使用三脚架拍摄时，通常是确定构图后相机就固定在三脚架上不动了，可是在这样的情况下，对焦之后锁定对焦点再微调构图的方式便无法实现了，因此，建议先使用单次自动对焦模式对画面进行对焦，然后再切换成手动对焦模式，只要手动调节至对焦区域的范围内，就可以实现准确对焦。即使是构图做了一些调整，焦点也不会轻易改变。不过需要注意的是，变焦镜头在变焦后会导致焦点的偏移，所以变焦后需要重新对焦。

外置闪光灯基本结构及功能

Canon EOS 5D Mark IV作为准专业级的全画幅单反相机，并未配备内置闪光灯，因此对于有闪光需求的用户而言，需要选择一支外置闪光灯，例如600EX-RT/600EX、430EX II、320EX、270EX II等。当然，如果进行微距摄影，则需要使用专用的微距闪光灯，如MR-14EX II、MT-24EX等。从功能上来说，各闪光灯基本相同，下面将以600EX-RT为例，讲解其基本结构及基本功能。

从基本结构开始认识闪光灯

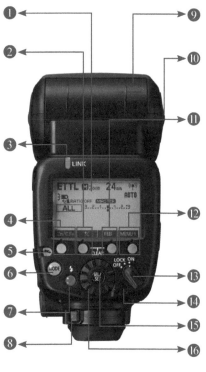

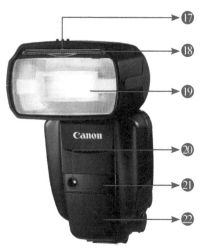

❶ 液晶显示屏

用于显示及设置闪光灯的参数

❷ 功能按钮2

对应按钮上方液晶显示屏中显示的图标，根据不同的显示图标，执行相应的功能。如闪光曝光补偿、闪光输出级别等

❸ 无线电传输确认指示灯

在进行无线电传输无线闪光拍摄时，此灯会指示主控单元和从属单元之间的传输状态

❹ 功能按钮1

对应按钮上方液晶显示屏中显示的图标，根据不同的显示图标，执行相应的功能

❺ 无线按钮/联动拍摄按钮

按下此按钮可以开启或关闭无线电传输；按此按钮可以开启或关闭光学传输无线拍摄

❻ 闪光模式按钮

按此按钮可以设定闪光模式

❼ 闪光就绪指示灯/测试闪光按钮

以红色、绿色等不同的方式闪烁时，均代表不同的提示；按下此按钮，可进行测试闪光

❽ 锁定释放按钮

按下此按钮并拨动固定座锁定杆可以拆卸闪光灯

❾ 反射角度指数

表示当前闪光灯在垂直方向上旋转的角度

❿ 反射锁定释放按钮

在按下此按钮后，可以调整闪光灯在垂直方向上的角度

⓫ 功能按钮3

对应按钮上方液晶显示屏中显示的图标，

根据不同的显示图标，执行相应的功能。如设置闪光包围曝光、频闪闪光模式下的闪光次数、手动外部闪光模式下的ISO设置等

⓬ 功能按钮4

对应按钮上方液晶显示屏中显示的图标，根据不同的显示图标，执行相应的功能。如设置闪光同步模式、频闪闪光模式下的闪光频率、菜单设置等

⓭ 电源开关

用于控制闪光灯的开启和关闭

⓮ 闪光曝光确认指示灯

当获得标准的曝光时，此指示灯将发光3秒

⓯ 选择/设置按钮

选择功能或确认功能的设置

⓰ 选择拨盘

用于在各个参数之间进行切换及选择

⓱ 眼神光板

将其抽出后，可用于防止光线向上发散，有利于塑造眼神光

⓲ 内置广角散光板

拉出广角散光板后，在使用镜头广角端进行拍摄时，能够避免画面四角出现明显阴影

⓳ 闪光灯头/光学传输无线发射器

用于输出闪光光线；还可用于数据的无线传输

⓴ 外部测光感应器

启用自动外部测光功能时，将通过此处对被摄体进行测光，并根据相机的感光度及光圈自动调整闪光输出

㉑ 光学传输无线传感器

用于传输无线信号

㉒ 自动对焦辅助光发射器

在弱光或低对比度环境下，此处将发射用于辅助对焦的光线

佳能外置及微距闪光灯的性能对比

下面分别列出佳能主流的 5 款外置及微距闪光灯的性能参数对比，供读者在选购时作为参考。

闪光灯型号	600EX-RT 闪光灯	430EX Ⅱ 闪光灯	270EX 闪光灯	MR-14EX 闪光灯	MT-24EX 闪光灯
图片					
闪光曝光补偿	手动。范围为±3，可以1/3或1/2挡为增量进行调节	手动。范围为±3，可以1/3或1/2挡为增量进行调节	手动。范围为±3，可以1/3或1/2挡为增量进行调节	手动。范围为±3，可以1/3或1/2挡为增量进行调节	手动。范围为±3，可以1/3或1/2挡为增量进行调节
闪光曝光锁定	支持	支持	支持	支持	支持
高速同步	支持	支持	支持	支持	支持
闪光测光方式	E-TTL Ⅱ、E-TTL、TTL自动闪光、自动/手动外部闪光测光、手动闪光、频闪闪光	TTL、E-TTL、E-TTL Ⅱ自动闪光，手动闪光	E-TTL、E-TTL Ⅱ自动闪光，手动闪光	TTL、E-TTL、E-TTL Ⅱ自动闪光，手动闪光	TTL、E-TTL、E-TTL Ⅱ自动闪光，手动闪光
闪光指数（m）	60（ISO100、焦距200mm）	43（ISO100、焦距105mm）	灯头默认位置：22 灯头拉出：27	14（ISO100）	24（ISO100）
闪光范围（mm）	20~200	24~105	28以上	上下、左右约80°	上下约70° 左右约53°
回电时间（s）	一般闪光：0.1~5.5 快速闪光：0.1~3.3	3	一般闪光：0.1~3.9 快速闪光：0.1~2.6	0.1~7	0.1~7
垂直角度（°）	7、90	0、45、60、75、90	0、60、75、90	—	—
水平角度（°）	180	0~180（以30°为单位调节）	—	—	—

衡量闪光灯性能的关键参数——闪光指数

闪光指数是评价一个外置闪光灯的重要指标，它决定了闪光灯在同等条件下的有效拍摄距离。以 600EX-RT 闪光灯为例，在 ISO100 的情况下，其闪光指数为 60，假设光圈为 F4，我们可以依据下面的公式算出此时该闪光灯的有效闪光距离。

闪光指数（60）÷ 光圈值（4）= 闪光距离（15）

设置外接闪光灯控制选项

控制闪光灯是否闪光

外置闪光灯通常都具有闪光与自动对焦辅助光两种功能，当只需要闪光灯进行辅助对焦而不是照亮对象时，就可以将其设置为"关闭"。

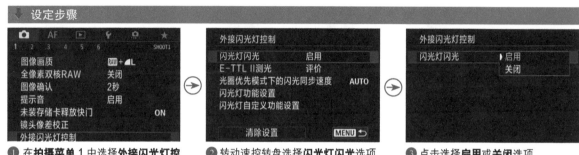

❶ 在**拍摄菜单**1中选择**外接闪光灯控制**选项
❷ 转动速控转盘选择**闪光灯闪光**选项
❸ 点击选择**启用**或**关闭**选项

E-TTL Ⅱ测光

可以利用"E-TTL Ⅱ测光"菜单来设置闪光灯的测光模式，其中包括了"评价"和"平均"两种模式。

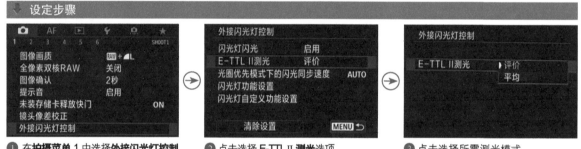

❶ 在**拍摄菜单**1中选择**外接闪光灯控制**选项
❷ 点击选择 E-TTLⅡ**测光**选项
❸ 点击选择所需测光模式

● 评价：这是默认的闪光灯测光模式，相机将自动对测光结果进行优化，以得到较好的闪光效果。

● 平均：此模式是对整个取景范围的光线进行平均测光，然后在此基础上确定闪光量。此模式适用于高级用户，在使用时可能需要设置一定的闪光曝光补偿量。

Q：什么是E-TTL Ⅱ测光？

A：E-TTL是佳能闪光灯系统的专有名词，即先由闪光灯进行预闪，然后照射到拍摄对象的光线将通过镜头传送到测光元件上，并以此为依据，精确地计算出闪光灯应输出的光量。

E-TTL Ⅱ则是升级型闪光灯测光模式，它在E-TTL的基础上增加了焦距资料及色温控制等功能，从而通过进行更精确的闪光来获得更准确的色彩还原。

5D Mark Ⅳ

光圈优先模式下的闪光同步速度

在"光圈优先模式下的闪光同步速度"菜单中有"自动""1/200-1/60 秒 自动""1/200 秒（固定）"3 个选项供选择，用于设置使用光圈优先曝光模式拍摄时闪光灯的同步速度。

设定步骤

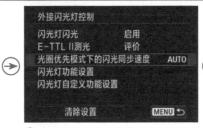 

❶ 在**拍摄菜单** 1 中选择**外接闪光灯控制**选项

❷ 点击选择**光圈优先模式下的闪光同步速度**选项

❸ 点击选择所需选项，然后点击 SET OK 图标确定

- 自动：在 1/200~30 秒范围内，根据场景亮度自动设置闪光同步速度。周围环境越暗，则闪光同步速度就越低，当低于安全快门速度时，应注意使用脚架保持相机的稳定。另外，选择此选项时，还可以使用高速同步功能。

- 1/200-1/60 秒自动：闪光同步速度将被限制在 1/200~1/60 秒范围内，可在很大程度上避免因相机抖动引起的画面模糊问题，但由于最低快门同步速度被限制在 1/60 秒，因此在环境较暗时，可能无法获得充分的曝光，使环境看起来较暗。

- 1/200 秒（固定）：选择此选项，闪光同步速度将被固定为 1/200 秒，此时更不容易出现由于相机抖动而导致的画面模糊问题，但同时背景可能会比选择"1/200-1/60 秒自动"选项时显得更暗。

▼ 利用闪光灯补光使花朵上的水滴看上去更透亮『焦距：180mm ┊光圈：F22 ┊快门速度：1/100s ┊感光度：ISO400』

用跳闪方式进行补光拍摄

所谓跳闪，通常是指使用外置闪光灯，通过反射的方式将光线反射到被摄对象身上，常用于室内或有一定遮挡的人像摄影中，这样可以避免直接对被摄对象进行闪光，造成光线太过生硬，且容易形成没有立体感的平光效果。

在室内拍摄人像时，经常通过调整闪光灯的照射角度，让其向着房间的顶棚进行闪光，然后将光线反射到被摄对象身上，这在人像、现场摄影中是非常常见的一种补光形式。

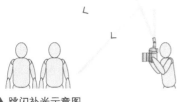

▲ 跳闪补光示意图

▶ 使用闪光灯向屋顶照射光线，使之反射到人物身上进行补光，使人物的皮肤显得更加细腻，画面整体感觉也更为柔和『焦距：90mm ┊ 光圈：F13 ┊ 快门速度：1/125s ┊ 感光度：ISO100』

为人物补充眼神光

眼神光板是中高端闪光灯才拥有的组件，在佳能 430 EX Ⅱ、580EX Ⅱ上就有此组件，平时可收纳在闪光灯的上方，在使用时将其抽出即可。

其最大的作用就是利用闪光灯在垂直方向可旋转一定角度的特点，将闪光灯射出的少量光线反射至人眼中，从而形成漂亮的眼神光，虽然其效果并非最佳（最佳的方法是使用反光板补充眼神光），但至少可以有一定的效果，让眼睛更有神。

▶ 拉出眼神光板后的闪光灯

▶ 这幅照片是使用反光板为人物补光拍摄的，拍摄时将闪光灯旋转至与垂直方向成60°的位置上，并拉出眼神光板，从而为人物眼睛补充了一定的眼神光，使之看起来更有神『焦距：46mm ┊ 光圈：F7.1 ┊ 快门速度：1/125s ┊ 感光度：ISO125』

消除广角拍摄时产生的阴影

当使用闪光灯以广角焦距拍摄并闪光时，很可能会超出闪光灯的补光范围，因此就可能产生一定的阴影或暗角效果。

此时，可以将闪光灯上面的内置广角散光板拉下来，以最大限度地避免阴影或暗角的形成。

▲ 这幅照片是拉下内置广角散光板后使用17mm焦距拍摄的结果，可以看出四角的阴影及暗角并不明显『焦距：17mm ┊ 光圈：F5.6 ┊ 快门速度：1/200s ┊ 感光度：ISO100』

▲ 此照片是收回内置广角散光板后拍摄的效果，由于已经超出闪光灯的广角照射范围，因此形成了较重的阴影及暗角，非常影响画面的表现效果『焦距：17mm ┊ 光圈：F5.6 ┊ 快门速度：1/200s ┊ 感光度：ISO100』

柔光罩：让光线变得柔和

柔光罩是专用于闪光灯上的一种硬件设备，由于直接使用闪光灯拍摄时会产生比较生硬的光照，而使用柔光罩后，可以让光线变得柔和——当然，光照的强度也会随之变弱，可以使用这种方法为拍摄对象补充自然、柔和的光线。

外置闪光灯的柔光罩类型比较多，其中比较常见的有肥皂盒、碗形柔光罩等，配合外置闪光灯强大的功能，可以更好地进行照亮或补光处理。

▲ 外置闪光灯的柔光罩

◀ 将闪光灯及柔光罩搭配使用为人物补光后拍摄的效果，可以看出，画面呈现出非常柔和、自然的光照效果『焦距：50mm ┊ 光圈：F2.8 ┊ 快门速度：1/200s ┊ 感光度：ISO200』

Chapter **10**

Canon EOS 5D Mark IV
人像摄影技巧

正确测光拍出人物细腻皮肤

对于拍摄人像而言,皮肤是非常重要的表现对象之一,而要表现细腻、光滑的皮肤,测光是非常重要的一步工作。准确地说,拍摄人像时应采用中央重点平均测光或点测光模式,对人物的皮肤进行测光。

如果是在午后的强光环境下,建议还是找有阴影的地方进行拍摄,如果环境条件不允许,那么可以对皮肤的高光区域进行测光,并对阴影区域进行补光。

在室外拍摄时,如果光线比较强烈,在拍摄时可以以人物脸部的皮肤作为曝光的标准,适当增加半挡或 2/3 挡的曝光补偿,让皮肤获得足够的光线而显得光滑、细腻,而其他区域的曝光可以不必太过关注,因为相对其他部位来说,女孩子更在意自己脸部的皮肤如何。

▲ 使用镜头的长焦端对人物面部测光

◀ 以模特面部皮肤作为曝光的依据,在此基础上增加了 0.5 挡曝光补偿,从而使人物皮肤看起来更加白皙、细腻『焦距:85mm │ 光圈:F2.8 │ 快门速度:1/100s │ 感光度:ISO100』

用高速快门凝固人物精彩瞬间

　　如果拍摄静态人物，使用1/8s 左右的快门速度就可以成功拍摄。当然，在这种情况下，很难达到安全快门速度，此时最好使用三脚架，以保证拍摄到清晰的图像。

　　如果是拍摄运动人像，那么应根据人物的运动速度来确定快门速度，人物的运动速度越快，快门速度应该越高。如果光线不足的话，还可以通过设置较大的光圈及较高的感光度来获得较高的快门速度。

▶ 使用1/1000s 的高速快门凝固了女孩纵身跳跃的精彩瞬间『焦距：85mm ┊ 光 圈：F2 ┊ 快门速度：1/1000s ┊ 感光度：ISO100 』

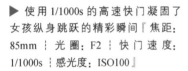

5D Mark Ⅳ

Q：在树荫下拍摄人像怎样还原出健康的肤色？

　　A：在树荫下拍摄人像时，树叶所形成的反射光可能会在人脸上形成偏绿、偏黄的颜色，影响画面效果。那么，如何还原出健康的肤色呢？其实只需一个反光板即可。在拍摄时，选择一个大尺寸的白色反光板，并尽量靠近被摄人像对其进行补光，使反光效果更直接的同时能够有效地屏蔽掉其他反射光，避免多重颜色覆盖的现象，以还原出人物柔和、健康的肤色。

用侧逆光拍出唯美人像

　　在拍摄女性人像时，为了将她们美丽的头发从繁纷复杂的场景中分离出来，常常需要借助低角度的侧逆光来制造漂亮的头发光，增加其妩媚动人感。

　　如果使用自然光拍摄，最佳拍摄时间应该在下午5点左右，这时太阳西沉，距离地平线相对较近，因此照射角度较小，拍摄时让模特背侧向太阳，使阳光以斜向45°照向模特，即可形成漂亮的头发光，看上去好像在发丝上镀上了一层金色的光芒，头发的质感、发型样式都得到了完美表现，模特看起来也更漂亮。

　　由于模特侧背向光线，因此需要借助反光板或闪光灯为人物正面补光，以表现其光滑、细嫩的皮肤。

▶ 侧逆光打亮了人物头发轮廓，形成了黄色发光，漂亮的发光将女孩柔美的气质很好地凸显出来『焦距：50mm ┊ 光圈：F2.8 ┊ 快门速度：1/320s ┊ 感光度：ISO200』

逆光塑造剪影效果

　　在利用逆光拍摄人像时，由于在纯逆光的作用下，画面会呈现为被摄体黑色的剪影，因此逆光常用于塑造剪影效果。而在配合其他光线使用时，被摄体背后的光线和其他光线会产生强烈的明暗对比，从而勾勒出人物美妙的线条。正因为逆光具有这种艺术效果，因此逆光也被称为"轮廓光"。

　　通常采用这种手法拍摄户外人像时，应该使用点测光对准天空较亮的云彩进行测光，以确保天空中云彩有细腻、丰富的细节，人物主体的轮廓线条清晰、优美。

▶ 对天空较亮的区域进行测光，通过锁定曝光，再对剪影处的人像进行对焦，使人像由于曝光不足成为轮廓清晰、优美的剪影『焦距：85mm ┊ 光圈：F5 ┊ 快门速度：1/1600s ┊ 感光度：ISO100』

用广角镜头拍摄视觉效果强烈的人像

使用广角或超广角镜头拍摄的照片都会有不同程度的变形，如果要拍摄写实人像，则应该避免使用广角镜头。但如果希望得到更有个性的人像照片，则可以考虑使用广角镜头进行拍摄。

首先，利用广角镜头的变形特性可以修饰模特的身材，在拍摄时只需要将模特的腿部安排在画面的下三分之一处，就能够使其看上去更修长。

其次，可以利用其透视变形的特性来增强画面的张力与冲击力。

使用镜头的广角端拍摄人像时，应注意如下两点。

1. 拍摄时要距离模特比较近，这样才可以充分发挥广角端的特性。如果使用广角端拍摄时离模特太远，会使主体显得不够突出，且带入太多背景也会使画面显得杂乱。

2. 使用广角镜头拍摄比较容易出现暗角现象，素质越高的镜头则这种现象越不明显。在拍摄时应注意为后期修饰留出较大空间。另外，在为广角镜头搭配遮光罩时，应该使用专用的遮光罩，并注意不要在广角全开时使用，从而避免由于遮光罩的原因所产生的暗角问题。

▲ 使用18mm广角镜头靠近模特进行拍摄，模特的双腿得到了拉伸，使模特的身材看起来更加修长『焦距：18mm ┊光圈：F6.3 ┊快门速度：1/200s ┊感光度：ISO100 』

三分法构图拍摄完美人像

简单来说，三分法构图就是黄金分割法的简化版，是人像摄影中最为常用的一种构图方法，其优点是能够在视觉上给人以愉悦和生动的感受，避免人物居中给人的呆板感觉。

Canon EOS 5D Mark IV相机在取景器和实时显示拍摄状态下都提供了可用于进行三分法构图的网格线显示功能，我们可以将它与黄金分割曲线完美地结合在一起使用。

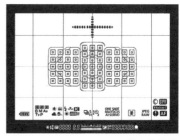

▲ Canon EOS 5D Mark IV的取景器网格线可以辅助我们轻松地进行三分法构图

▲ 采用横向构图拍摄人像时，可将模特置于画面的1/3处，这样的画面看起来比较舒服『焦距：200mm ┆ 光圈：F5.6 ┆ 快门速度：1/200s ┆ 感光度：ISO200』

对于纵向构图的人像而言，通常是以眼睛作为三分法构图的参考依据。当然，随着拍摄面部特写到全身像的范围变化，构图的依据也略有不同。

▶ 在对人物头部进行特写拍摄时，通常会将人物眼睛置于画面的三分线附近『焦距：50mm ┆ 光圈：F2.8 ┆ 快门速度：1/500s ┆ 感光度：ISO160』

S 形构图表现女性柔美的身体曲线

S 形线条也被称为美丽的线条，在拍摄女性时，这种构图方法尤其常用，用以表现女性柔美的身材曲线。S 形构图中弯曲的线条朝哪一个方向是有讲究的，且弯曲的力度越大，所表现出来的力量也就越大，所以，在人像摄影中，用来表现身体曲线的 S 形线条的弯曲程度都不应太大，否则被摄对象要很用力，从而影响其他部位的表现。

▶ S 形构图是表现女性特有的妩媚，展现漂亮身材常用的构图形式『焦距：70mm ┊ 光圈：F2.8 ┊ 快门速度：1/100s ┊ 感光度：ISO400』

中间调记录真实自然的人像

中间调的明暗分布没有明显的偏向，画面整体趋于一个比较平衡的状态，在视觉上也没有轻快和凝重的感觉。

中间调是最常见也是应用最广泛的一种影调形式，在拍摄时也是最简单的，只要保证环境光线比较正常，并设置好合适的曝光参数即可。

▶ 无论是艺术写真或日常记录，中间调都是我们最常用的影调形式『焦距：35mm ┊光圈：F3.5 ┊快门速度：1/640s ┊感光度：ISO200』

高调风格适合表现艺术化人像

高调人像的画面影调以亮调为主，暗调部分所占比例非常小，较常用于女性或儿童人像照片，且多用于偏向艺术化的视觉表现。

在拍摄高调人像时，模特应该穿白色或其他浅色的服装，背景也应该选择相匹配的浅色，并在顺光环境下进行拍摄，以利于画面的表现。如果在影棚内拍摄，应该用装有柔光材料的照明灯为人物补光，以获得较小的光比并避免出现阴影，从而形成高调画面效果。

 高手点拨：为了避免高调画面给人苍白无力的感觉，要在画面中适当保留少量有力度的深色、黑色或艳色，例如少量的阴影或其他一些深色的物体。在拍摄时要通过增加曝光补偿的方法增加曝光量，使画面显得更亮，从而获得高调效果。

▶ 高调照片能给人轻盈、优美、淡雅的感觉，将女性清新、柔美的气质表现得很突出『焦距：35mm ┊光圈：F2.8 ┊快门速度：1/30s ┊感光度：ISO500』

低调风格适合表现个性化人像

与高调人像相反，低调人像的影调构成以较暗的颜色为主，基本由黑色及部分中间调颜色组成，亮部所占的比例较小。

在拍摄低调人像时，除了要求模特穿着深暗色的服饰以避免大面积的白色或浅色出现在画面中外，还要求用大光比光线，如逆光和侧逆光。在这样的光线照射下，可以将被摄人物隐没在黑暗中，但同时又勾勒出被摄人物优美的轮廓，形成低调画面效果。

如果以逆光拍摄，应该对背景的高光区域进行测光；如果以侧光或顺光拍摄，应对模特身体上的高光区域进行测光。在获得测光读数后，通常需要做负向曝光补偿以减少曝光量，使画面变暗，从而获得低调人像照片。在侧光时，应优先使用点测光模式，以便获得准确曝光。

在室内或影棚中拍摄低调人像时，根据要表现的内容，通常布置 1~2 盏灯，正面光通常用于表现深沉、稳重的人像，侧光常用于突出人物的线条，而逆光则常用于表现人物的形体造型或头发（即发丝光）。

 高手点拨：在拍摄时，还要注重运用局部高光，如照亮面部或身体局部的高光以及眼神光等，通过少量的白色或浅色、亮色，使总体为深暗色的画面呈现出些许生机，避免低调画面显得灰暗无神。

▼暗调背景和模特身穿黑色的服装将其衬托得非常冷艳、前卫，拍摄时针对人物脸部亮处进行测光，使其从背景中脱颖而出『焦距：35mm ¦ 光圈：F5 ¦ 快门速度：1/80s ¦ 感光度：ISO100』

暖色调适合表现人物温暖、热情、喜庆的情感

在人像摄影中，以红、黄两种颜色为代表的暖色调，可以在画面中表现出温暖、热情以及喜庆等情感。

在拍摄前期，可以根据需要选择合适的服装颜色，像红色、橙色的衣服都可以获得暖色调的效果。同时，拍摄环境及光照对色调也有很大的影响，应注意选择和搭配。比如在太阳落山前的 3 个小时时间段中，可以获得不同程度的暖色光线。

如果是在室内拍摄，可以利用红色或者黄色的灯光来进行暖色调设计。当然，除了在拍摄过程中进行一定的色调设计外，摄影师还可以通过后期处理软件来得到想要的效果。

▲ 夕阳时分的光线具有很强的暖调效果，可以将模特柔美的一面表现得更好『焦距：135mm ┆光圈：F2.8 ┆快门速度：1/250s ┆感光度：ISO100 』

▼ 室内的淡黄色光源使画面呈现出暖色调，带给观者温暖、华丽的视觉感受『焦距：85mm ┆光圈：F2.5 ┆快门速度：1/100s ┆感光度：ISO1000 』

冷色调适合表现清爽人像

在人像摄影中，以蓝、青两种颜色为代表的冷色调，可以在画面中表现出冷酷、沉稳、安静以及清爽等情感。

与人为干涉照片的暖色调一样，我们也可以通过在镜头前面加装蓝色滤镜，或在闪光灯上加装蓝色柔光罩等方法，为照片增加冷色调。

▶ 通过蓝色的背景与模特手中的蓝色礼帽，为画面营造出了冷色调效果，在视觉上给人以清爽之感『焦距：50mm ┊ 光圈：F2.8 ┊ 快门速度：1/160s ┊ 感光度：ISO200』

仰视角度拍摄高大的人像

仰视拍摄可以使被摄人物的腿部显得很长，将人物拍摄得高大、苗条。由于这种拍摄角度不同于传统的视觉习惯，也改变了人眼观察事物的视觉透视关系，给人的感觉很新奇。人物本身的线条均向上汇聚，夸张效果明显。

要拍摄出这种效果，除了采取仰视的角度外，还可以利用广角镜头的线条拉伸变形作用，对模特的身体线条进行夸张表现，使人像在画面中显得更加高大、挺拔。

▶ 适当的仰拍可以使人物显得更加高大，腿部也更加修长，很适合拍摄女孩『焦距：24mm ┊ 光圈：F8 ┊ 快门速度：1/250s ┊ 感光度：ISO400』

使用道具营造人像照片的氛围

　　为了使画面更具有某种气氛，一些辅助性的道具是必不可少的，例如婚纱、女性写真人像摄影中常用的鲜花、阴天拍摄时用的雨伞。这些道具不仅能够为画面增添气氛，还可以使人像摄影中较难处理的双手呈现较好的姿势。

　　道具的使用不但可以营造出一种更加生动的氛围，还可以起到修饰、掩饰的作用，如面具、礼帽、艺术眼罩、假发等，可以根据模特自身的不足，利用这些道具掩饰其瑕疵之处，使画面更精美、悦目。

▶ 摄影师选择了开花的树旁边进行拍摄，同时模特头上戴的花环、手中拿的布偶熊，都使画面的风格更为甜美『焦距：135mm ┆光圈：F3.2 ┆快门速度：1/125s ┆感光度：ISO100』

为人物补充眼神光

　　眼神光是指通过运用光照在人物眼球上形成微小光斑，从而使人物的眼神更加生动、传神。眼神光可以很好地刻画人物的神态，往往是人像摄影的点睛之笔。

　　无论是什么样的光源，只要是位于人物面前且有足够的亮度，通常都可以形成眼神光。下面介绍几种制造眼神光的方法。

利用反光板制造眼神光

　　在所有制造眼神光的方法中，使用反光板是最为人所推崇的，原因就在于它便于控制，而且形成的眼神光较大且柔和。

▶ 明亮的眼神光使人物显得很有精神，画面看起来十分生动、自然『焦距：85mm ┆光圈：F2.8 ┆快门速度：1/2000s ┆感光度：ISO100』

借助窗户光制造眼神光

在拍摄人像时,最好使用超过肩膀的窗户照进来的光线制造眼神光,由于窗户的形态及大小不同,因此可形成不同的眼神光效果。

利用来自窗户的光线为模特增加眼神光时,如果来自窗户的光线不够明亮,可以通过在窗户外面安放离机闪光灯的方法来增强模特的眼神光。

▶ 窗户外的光线较为强烈,拍摄时模特脸稍偏向窗户所在的方向,便可以形成很漂亮的眼神光『焦距:35mm ┊光圈:F2.8 ┊快门速度:1/250s ┊感光度:ISO200』

利用闪光灯制造眼神光

在拍摄人像时,也可以利用闪光灯制造眼神光,但通常光点较小。多灯会形成多个眼神光,而单灯会形成一个眼神光,所以通过布光的方法制造眼神光时,所使用的闪光灯越少越好,一旦形成大面积的眼神光,会使人物显得呆板,不利于人物神态的表现,更起不到画龙点睛的作用。

▶ 使用闪光灯时,要注意将收纳在闪光灯上方的眼神光板抽出来,其作用是将闪光灯的一部分光线反射到模特的眼中,从而形成眼神光『焦距:85mm ┊光圈:F4 ┊快门速度:1/125s ┊感光度:ISO200』

儿童摄影贵在真实

对儿童摄影而言，可以拍摄他们在欢笑、玩耍甚至是哭泣的自然瞬间，而不是指挥他们笑一个，或将手放在什么位置。除了专业模特外，这样的要求对绝大部分成人来说都会感到紧张，更何况那些纯真的孩子们。

即使您真的需要让他们笑一笑或做出一个特别的姿势，那也应该采用间接引导的方式，让孩子们发自内心、自然地去做，这样拍出的照片才是最真实、最具有震撼力的。

另外，为了避免孩子们在看到有人给自己拍照时感到紧张，最好能用长焦镜头，这样可以在尽可能不影响他们的情况下，拍摄到最真实、自然的照片。

这一点与拍摄成人的人像照片颇有相似之处，只不过孩子们在这方面更敏感一些。当然，如果能让孩子们完全无视您的存在，这个问题也就迎刃而解了。

焦距：200mm ┊ 光圈：F5.6 ┊ 快门速度：1/320s ┊ 感光度：ISO400

焦距：70mm ┊ 光圈：F5 ┊ 快门速度：1/460s ┊ 感光度：ISO100

▶ 摄影师以抓拍的形式，拍摄到了小孩的各种表情，画面给人一种自然、活泼的感觉

『焦距：200mm ┊ 光圈：F5.6 ┊ 快门速度：1/400s ┊ 感光度：ISO125』

禁用闪光灯以保护儿童的眼睛

闪光灯的瞬间强光对儿童尚未发育成熟的眼睛有害，因此，为了他们的健康着想，拍摄时一定不要使用闪光灯。

在室外拍摄时通常比较容易获得充足的光线，而在室内拍摄时，应尽可能打开更多的灯或选择在窗户附近光线较好的地方，以提高光照强度，然后配合高感光度、镜头的防抖功能及倚靠物体等方法，保持相机的稳定。

▲ 在室内拍摄儿童时尽量不要使用闪光灯，以避免伤害儿童的眼睛。为了获得曝光正常的照片，可在窗户附近拍摄或适当提高感光度『焦距：35mm ┊ 光圈：F3.2 ┊ 快门速度：1/320s ┊ 感光度：ISO400 』

用玩具吸引儿童的注意力

儿童摄影非常重视道具的使用，这些东西能够吸引孩子的注意力，让他们表现出更自然、真实的一面。很多生活中见见的东西，只要符合孩子们的兴趣，都可以成为道具，这样，拍摄出来的照片气氛更活跃，内容更丰富，也更有意思。

▶ 孩子看到玩具，简直就是爱不释手，抱起玩具就完全进入了自己的世界『焦距：70mm ┊ 光圈：F7.1 ┊ 快门速度：1/160s ┊ 感光度：ISO400 』

利用特写记录儿童丰富的面部表情

　　儿童的表情总是非常自然、丰富的，也正因为如此，儿童面部才成为很多摄影师喜欢拍摄的题材。在拍摄时，儿童明亮、清澈的眼睛是摄影师需要重点表现的部位。

▶ 摄影师抓拍到了小孩哭泣的表情，画面生动而有趣『焦距：50mm ┊光圈：F4 ┊快门速度：1/125s ┊感光度：ISO100』

增加曝光补偿表现儿童娇嫩肌肤

　　绝大多数儿童的皮肤都可以用"剥了壳的鸡蛋"来形容，在实际拍摄时，儿童的面部也是需要重点表现的部位，因此，如何表现儿童娇嫩的肌肤，就是每一个专业儿童摄影师甚至家长应该掌握的技巧。

　　首先，给儿童拍摄时应尽量使用散射光，在这样的光线下拍摄儿童，由于光比不大，因此不会出现浓重的阴影，画面整体影调很柔和，儿童的皮肤看起来也更细腻、娇嫩。

　　其次，可以在拍摄时增加曝光补偿，即在正常测光数值的基础上，适当地增加0.3~1挡曝光补偿，这样拍摄出来的照片会显得更亮、更通透，儿童的皮肤也更加粉嫩、白皙。

▶ 在散射光下，孩子的脸上没有明显的阴影，增加0.3挡曝光补偿，可将其细腻的皮肤很好地表现出来『焦距：100mm ┊光圈：F2.8 ┊快门速度：1/250s ┊感光度：ISO200』

拍摄合影珍藏儿时的情感世界

　　儿童摄影对于情感的表达非常重要，儿童与玩具、父母、兄弟姐妹及玩伴之间的情感描绘，常常给人以温馨、美好的感受，是摄影师最为喜爱的拍摄题材之一。

　　在拍摄玩伴之间充满童趣的画面时，由于拍摄对象已经由一个人变为两个甚至更多的人，有时可能是一个人的表情很好，但其他人却不在状态。因此，如何把握住最恰当的瞬间进行拍摄，就需要摄影师拥有足够的耐心和敏锐的眼光，同时，也可以适当调动、引导孩子们的情绪，但注意不要太过生硬、明显，以免引起他们的紧张。

▲ 害羞的小男孩显然不适应被小女孩亲吻，表现得有些不好意思。大光圈虚化的背景使画面非常简洁，因此突出了前景中要好的伙伴『焦距：135mm ┊ 光圈：F2.8 ┊ 快门速度：1/400s ┊ 感光度：ISO100』

平视角度拍摄亲切儿童照

　　除了一些特殊的表现形式外，绝大多数时候，我们还是需要以平视的角度拍摄儿童，以保证拍摄到真实、自然的儿童照片。

　　这一点与拍摄成人照片有相同之处，只不过儿童更矮一些，摄影师需要经常蹲下甚至是趴下才能保证获得平视的视角。

▲ 在采用平视角度拍摄儿童时，摄影师会很辛苦，经常需要在地上"摸爬滚打"地寻找合适的角度，且还要保持相机的稳定，当然，在看到记录下一个个精彩的瞬间时，再多的辛苦也值了『焦距：50mm ┊ 光圈：F2.8 ┊ 快门速度：1/250s ┊ 感光度：ISO200』

Chapter 11

Canon EOS 5D Mark Ⅳ 风光摄影技巧

拍摄山峦的技巧

连绵起伏的山峦，是众多风光题材中最具视觉震撼力的。虽然要拍摄出成功的山峦作品，需要付出更多的辛劳和汗水，但还是有非常多的摄影爱好者乐此不疲。

不同角度表现山峦的壮阔

拍摄山峦最重要的是要把雄伟壮阔的整体气势表现出来，"远取其势，近取其貌"的说法非常适合拍摄山峦。要突出山峦的气势，就要尝试从不同的角度去拍摄，如诗中所说"横看成岭侧成峰，远近高低各不同"，所以必须寻找一个最佳的拍摄角度。

采用最多的角度无疑还是仰视，以表现山峦的高大、耸立。当然，如果身处山峦之巅或较高的位置，则可以采取俯视的角度表现"一览众山小"之势。

另外，平视也是采取较多的拍摄角度，采用这种视角拍摄的山峦比较容易形成三角形构图，从而表现其连绵壮阔的气势。

▲ 仰视拍摄可突出表现山脉高耸屹立的气势『焦距：105mm ┊ 光圈：F13 ┊ 快门速度：1/320s ┊ 感光度：ISO200』

▼ 选择平视的角度拍摄，较好地表现了山峦连绵壮阔的气势『焦距：18mm ┊ 光圈：F8 ┊ 快门速度：1/60s ┊ 感光度：ISO100』

用云雾表现山的灵秀飘逸

　　山与云雾总是相伴相生，各大名山的著名景观中多有"云海"，例如黄山、泰山、庐山，都能够拍摄到很漂亮的云海照片。云雾笼罩山体时其形体就会变得模糊不清，在隐隐约约之间，山体的部分细节被遮挡，在朦胧之中产生了一种不确定感，拍摄这样的山脉，会使画面产生一种神秘、缥缈的意境，山脉也因此更具灵秀感。

　　如果只是拍摄飘过山顶或半山的云彩，只需要选择合适的天气即可，高空中的流云在风的作用下，会与山产生时聚时散的效果，拍摄时多采用仰视的角度。

　　如果拍摄的是山间云海的效果，应该注意选择较高的拍摄位置，以至少平视的角度进行拍摄，在选择光线时，应该采用逆光或侧逆光，同时注意对画面做正向曝光补偿。

▲ 山间的云雾为山体增加了缥缈的神秘感，使整个画面兼具形式美感与意境美感『焦距：18mm ┊光圈：F16 ┊快门速度：1/60s ┊感光度：ISO200 』

用前景衬托山峦表现季节之美

　　在不同的季节里，山峦会呈现出不一样的景色。

　　春天的山峦在鲜花的簇拥之中显得美丽多姿；夏天的山峦被层层树木和小花覆盖，显示出了大自然强大的生命力；秋天的红叶使山峦显得浪漫、奔放；冬天山上大片的积雪又让人感到寒冷和宁静。可以说四季之中，山峦各有不同的美感，只要寻找合适的拍摄角度即可。

　　拍摄不同季节的山峦时，要注意通过构图方式、景别、前景或背景衬托等形式体现出山峦的特点。

▲ 岸边的花草及静静的河水衬托着远山，说明此刻正是生机勃勃的季节『焦距：35mm ┊光圈：F9 ┊快门速度：1/250s ┊感光度：ISO100 』

用光线塑造山峦的雄奇伟峻

在有直射阳光的时候，采用侧光拍摄有利于表现山峦的层次感和立体感，明暗分明的层次使画面更加富有活力。如果能够遇到日照金山的光线，将是非常难得的拍摄良机。

采用侧逆光并对亮处进行测光，拍摄山体的剪影照片，也是一种不错的表现山峦的方法。在侧逆光的照射下，山体往往有一部分处于光照之中，因此不仅能够表现出明显的轮廓线条和山体的少部分细节，还能够在画面中形成漂亮的光线效果，因此是比逆光更容易出效果的光线。

▲ 斜阳的一抹余光，将雪山的色调一下子变得强烈起来，而使用侧光拍摄也可以将山体衬得更加坚实『焦距：300mm │光圈：F10 │快门速度：1/200s │感光度：ISO400 』

▶ 采用侧逆光俯视拍摄山脉，光线与雾的结合将山体的轮廓很好地表现出来，若隐若现的山脉好似一幅中国山水画，将山脉的雄伟气势表现得淋漓尽致

Q：如何拍出色彩鲜艳的图像？

A：可以在"照片风格"菜单中选择色彩较为鲜艳的"风光"风格选项。

如果想要使色彩看起来更为艳丽，可以加强"饱和度"选项的数值；另外，加强"反差"选项的数值也会使照片的色彩更为鲜艳。不过需要注意的是，在调节数值时不能过大，避免出现色彩失真的现象，导致画面细节损失。

Q：如何平衡画面中的高亮部分与阴影部分？

A：开启相机内的"自动亮度优化"功能。此功能能够自动调整亮部与暗部的细节，调整出最佳亮度与反差。

拍摄树木的技巧

树木在生活中非常常见，所以在拍摄时要有新意，要对树木有特色的地方进行重点表现，这样才能给人留下更加深刻的印象。

以逆光表现枝干的线条

在拍摄树木时，可将其树干作为画面突出表现的重点，采用较低机位的仰视视角进行拍摄，以简练的天空作为画面背景，在其衬托对比之下，可以很好地呈现枝干的线条造型，这样的照片往往有较大的光比，因此多用逆光进行拍摄。

▲ 采用逆光拍摄树林，背景中绚丽的色彩变化与前景中道劲有力的树干交相辉映，得到了具有华美图案的画面『焦距：24mm ¦ 光圈：F8 ¦ 快门速度：1/50s ¦ 感光度：ISO100』

仰视拍摄表现树木的挺拔与树叶的通透美感

采用仰视的角度拍摄树木，有两个优点。

其一，如果拍摄时使用的是广角镜头，可以获得树木在画面中向中间汇聚的奇特视觉效果，大大增强了画面的新奇感，即使未使用广角镜头，也能够拍摄出树梢直插蓝天或树冠遮天蔽日的效果。

其二，可以借助蓝天背景与逆光，拍摄出背景色彩纯粹且具有通透质感的树叶，在拍摄时应该针对树叶中比较明亮的区域测光，从而使这部分区域得到正确曝光，而树干则会在画面中以阴影线条的形式出现，拍摄时可以尝试做正向曝光补偿，以增强树叶的通透质感。

▲ 仰拍直接、简洁地凸显树木的高大，并且树叶在逆光下更为通透『焦距：18mm ¦ 光圈：F7.1 ¦ 快门速度：1/250s ¦ 感光度：ISO200』

拍摄树叶展现季节之美

树叶也是无数摄影爱好者喜爱的拍摄题材之一，无论是金黄还是血红的树叶，总能够在恰当的对比色下展现出异乎寻常的美丽。

如果希望表现漫山红遍、层林尽染的整体气氛，应该用广角镜头进行拍摄；而长焦镜头则适合对树叶进行局部特写表现。

由于拍摄树叶的重点在于表现其颜色，因此拍摄时应该特别注意画面背景色的选择，以最恰当的背景色来对比或衬托树叶。

要拍出漂亮的树叶，最好的季节是夏天或秋天。夏季的树叶茂盛而翠绿，拍摄出来的照片充满生机与活力；如果在秋天拍摄，由于树叶呈大片的金黄色，能够给人一种强烈的丰收喜悦感。

▲ 简单的几片嫩绿的叶子，在暗色背景的衬托下，便可感受到盛夏的生机『焦距：100mm ┊光圈：F5.6 ┊快门速度：1/640s ┊感光度：ISO100 』

▼ 红、黄的树叶使秋天的味道更加浓郁，画面富有强烈的秋天气息『焦距：18mm ┊光圈：F8 ┊快门速度：1/250s ┊感光度：ISO200 』

捕捉林间光线使画面更具神圣感

当阳光穿透树林时,由于被树叶及树枝遮挡,因此会形成一束束透射林间的光线,这种光线被有的摄友称为"耶稣圣光",能够为画面增加神圣感。

要拍摄这样的题材,最好选择早晨及近黄昏时分,此时太阳斜射向树林中,能够获得最好的画面效果。

在实际拍摄时,可以迎着光线以逆光进行拍摄,也可与光线平行以侧光进行拍摄。

在曝光方面,可以以林间光线的亮度为准拍摄出暗调照片,以衬托林间的光线;也可以在此基础上增加 1~2 挡曝光补偿,使画面多一些细节。

穿透林木的光线呈四射发散状,为画面增添神圣感的同时,也使画面呈现出强烈的形式美感『焦距:18mm │ 光圈:F10 │ 快门速度:1/60s │ 感光度:ISO500』

拍摄溪流与瀑布的技巧

用不同快门速度表现不同感觉的溪流与瀑布

要拍摄出如丝般质感的溪流与瀑布，拍摄时应使用较慢的快门速度。为了防止曝光过度，应使用较小的光圈来拍摄，如果还是曝光过度，应考虑在镜头前加装中灰滤镜，这样拍摄出来的瀑布是雪白的，就像丝绸一般。

由于使用的快门速度很慢，所以在拍摄时要使用三脚架保持相机的稳定。除了用慢速快门外，还可以用高速快门在画面中凝固瀑布水流跌落的美景，虽然谈不上有大珠小珠落玉盘之感，却也能很好地表现瀑布的势差与水流的奔腾之势。

▲ 摄影师采用大视角俯视拍摄，将皮筏划过瀑布的瞬间记录下来，场景与皮筏形成了强烈的大小对比，从而直观地将瀑布的壮美气势呈现在观者眼前『焦距：200mm ┊光圈：F7.1 ┊快门速度：1/500s ┊感光度：ISO500』

▼ 通过安装中灰镜来降低镜头的进光量，从而使用较慢的快门速度将水流拍得像丝绸般顺滑、美丽『焦距：24mm ┊光圈：F18 ┊快门速度：2s ┊感光度：ISO100』

将游人纳入画面，观者通过对比就能很容易地判断出瀑布的体量 焦距：24mm 光圈：F8 快门速度：1/250s 感光度：ISO200

通过对比突出瀑布的气势

在没有对比的情况下，很难通过画面直观判断一个事物的体量，因此，如果在拍摄瀑布时希望体现出瀑布宏大的气势，就应该通过在画面中加入容易判断大小体量的画面元素，从而通过大小对比来凸显瀑布的气势，最常见、常用的元素就是瀑布周边的旅游者或小船。

拍摄湖泊的技巧

拍摄倒影使湖泊更显静逸

　　蓝天、白云、山峦、树林等都会在湖面形成美丽的倒影，在拍摄湖泊时可以通过采取对称构图的方法，将画面的水平线放在画面的中间位置，使画面的上半部分为天空，下半部分为倒影，从而使画面显得更加静逸。也可以按三分法构图的原则，将水平线放在画面的上三分之一或下三分之一位置，使画面更富有变化。

　　要在画面中展现美妙的倒影，在拍摄时要注意以下几点。

▲ 低角度广角拍摄美丽的湖面倒影，对称构图使蓝色调画面显得更加冰冷、静逸『焦距：18mm ¦ 光圈：F16 ¦ 快门速度：0.6s ¦ 感光度：ISO100 』

　　①波动的水面不会展现完美倒影，因此应选择在风很小的时候进行拍摄，以保持湖面的平静。

　　②水面的倒影能够体现多少，与拍摄的角度有关，角度越低，映入镜头的倒影就越多。

　　③逆光与侧逆光是表现倒影的首选光线，应尽量避免使用顺光或顶光拍摄。

　　④在倒影存在的情况下，应该适当增加曝光补偿，以使画面的曝光更准确。

▲ 利用倒影形成对称构图，将大自然平静、祥和的气氛突出表现出来『焦距：35mm ¦ 光圈：F11 ¦ 快门速度：1/125s ¦ 感光度：ISO100 』

选择合适的陪体使湖泊更有活力

在拍摄湖泊时，应适当选取岸边的景物作为衬托，如湖边的树木、花卉、岩石、山峰等，如果选择飞鸟、游人、小船等对象作为陪体，能够使平静的湖面充满生机与活力。

▲ 绚丽的画面色彩、平稳的水平线构图以及水面上浮游的白鹅使得湖泊更显和谐、静逸『焦距：200mm ┊ 光圈：F8 ┊ 快门速度：1/180s ┊ 感光度：ISO400』

▼ 岸边的游人和牦牛打破了湖泊的宁静，使画面变得生动起来『焦距：28mm ┊ 光圈：F11 ┊ 快门速度：1/500s ┊ 感光度：ISO160』

拍摄雾霭景象的技巧

雾气不仅增强了画面的透视感，还赋予了照片朦胧的气氛，使照片具有别样的诗情画意。

一般来说，由于浓雾的能见度较差，透视性不好，不适合拍摄，因此拍摄雾景时通常应选择薄雾。薄雾的湿度较低，能见度和光线的透视性都比浓雾好很多，在薄雾环境中，近景可以相对较清晰地呈现在画面中，而中景和远景要么被雾气所掩盖，要么就在雾气中若隐若现，有利于营造神秘的氛围。

选择正确的光线拍摄雾景

在顺光或顶光下，雾会产生强烈的反射光，容易使整个画面显得苍白、色泽较差且没有质感。而采用逆光、侧逆光或前侧光拍摄雾景，更有利于表现画面的透视感和层次感，通过画面中的光影效果营造出一种更飘逸的意境。逆光或侧逆光还可以使画面远处的景物呈现剪影效果，使画面更有空间感。

调整曝光补偿使雾气更洁净

因为雾是由许多细小水珠形成的，可以反射大量的光线，所以雾景的亮度较高，根据白加黑减的曝光补偿原则，通常应该增加 1/3 ~ 1 挡曝光补偿。

调整曝光补偿时，要考虑所拍摄的场景中雾气的面积这个因素，面积越大意味着场景越亮，就越应该增加曝光补偿；若面积很小的话，可以考虑不增加曝光补偿。

▲ 摄影师使用广角镜头拍摄，使山水间的迷雾看上去大气、虚幻缥缈。拍摄时增加了 0.7 挡的曝光补偿，使得雾气更为洁净『焦距：24mm ┊ 光圈：F9 ┊ 快门速度：1/40s ┊ 感光度：ISO100 』

善用景别使画面更有层次

由于雾气对光的强烈散射作用，使雾气中的景物具有明显的空气透视效果，因此越远处的景物看上去越模糊，如果在构图时充分考虑这一点，就能够使画面具有更明显的层次。

因为雾气属于亮度较高的景物，因此当画面中存在暗调景物并与雾气相互交融时，就能够使画面具有明显的层次和对比。

在选择光线时应首选逆光，在构图时要注意利用远景来衬托前景与中景，利用光线造成的前景、中景、远景间不同的色调对比来营造画面的层次感。

▼ 透过摄影师的镜头，缥缈的云雾渲染着画面的空间，有近有远，有虚有实，意境悠远，耐人寻味『焦距：80mm ┆光圈：F11 ┆快门速度：1/15s ┆感光度：ISO100 』

拍摄日出、日落的技巧

日出、日落是许多摄影爱好者最喜爱的拍摄题材之一,在各类获奖摄影作品中,也不乏以此为拍摄主题的作品,但由于太阳是最亮的光源,无论是测光还是曝光都有一定难度,因此,如果不掌握一定的拍摄技巧,很难拍摄出漂亮的日出、日落照片。

选择正确的曝光参数是成功的开始

拍摄日出、日落时,较难掌握的是曝光控制,日出、日落时,天空和地面的亮度反差较大,如果对准太阳测光,太阳的层次和色彩会有较好的表现,但会导致云彩、天空和地面上的景物曝光不足,呈现出一片漆黑的景象;而对准地面景物测光,会导致太阳和周围的天空曝光过度,从而失去原有色彩和层次。

正确的曝光方法是使用点测光模式,对准太阳附近的天空进行测光,这样不会导致太阳曝光过度,而天空中的云彩也有较好的表现。

最保险的做法是在标准曝光量的基础上,增加或减少一挡或半挡曝光补偿,再拍摄几张照片,以增加挑选的余地。如果没有把握,不妨使用包围曝光法,以避免错过最佳拍摄时机。

一旦太阳开始下落,光线的亮度将明显下降,很快就需要使用慢速快门进行拍摄,这时若用手托举着长焦镜头会很不稳定,因此,拍摄时一定要使用三脚架。

在拍摄日出时,随着时间的推移,所需要的曝光数值会越来越小;而拍摄日落则恰恰相反,所需要的曝光数值会越来越大,因此,在拍摄时应该注意随时调整曝光数值。

▼ 采用逆光拍摄时,可针对画面的中灰部分测光,使画面过亮的地方不会过曝,画面细节较丰富『焦距:18mm ┊ 光圈:F16 ┊ 快门速度:1/3s ┊ 感光度:ISO100』

用长焦镜头拍摄出大太阳

如果希望在照片中呈现出面积较大的太阳，要尽可能使用长焦距拍摄。通常在标准的 35mm 幅面的画面中，太阳的直径只是焦距的 1/100。因此，如果用 50mm 标准镜头拍摄，太阳的直径为 0.5mm；如果使用长焦镜头的 200mm 焦距拍摄，太阳的直径为 2mm；如果使用 400mm 焦距拍摄，太阳的直径就能够达到 4mm。

▶ 只拍摄大太阳恐怕会使画面显得太单调，将水面上的人物也纳入画面，可以使画面显得更加丰富『焦距：400mm ┆ 光圈：F9 ┆ 快门速度：1/1000s ┆ 感光度：ISO400』

善用 RAW 格式为后期处理留有余地

大多数初学者在拍摄日出、日落场景时，得到的照片要么是一片漆黑，要么是一片亮白，高光部分完全没有细节。

因此，对于摄影爱好者而言，除了在测光与拍摄技巧上要加强练习外，还可以在拍摄时为后期处理留有余地，以挽回这种可能"报废"的片子，即将照片的保存格式设置为 RAW 格式，或者 RAW+JPEG 格式，这样拍摄后就可以对照片进行更多的后期处理，以便得到最漂亮的照片。

在后期处理时，可以通过调整照片的曝光量、白平衡来得到效果不同的日出、日落照片。

▶ 通过后期，使天空与水面的曝光得到均衡『焦距：18mm ┆ 光圈：F5.6 ┆ 快门速度：1/250s ┆ 感光度：ISO200』

用合适的陪体为照片添姿增色

从画面构成来讲，拍摄日出、日落时，不要直接将镜头对着天空，这样拍摄出的照片显得单调。可选择树木、山峰、草原、大海、河流等景物作为前景，以衬托日出、日落时特殊的氛围。

尤其是以树木等景物作为前景时，树木呈现出漂亮的剪影效果。阴暗的前景能和较亮的天空形成鲜明的对比，增强了画面的形式美感。

如果要拍摄的日出或日落场景中有水面，可以在构图时选择天空、水面各占一半的构图形式，或者在画面中加大波光粼粼水面的区域，此时如果依据水面进行曝光，可以适当提高一挡或半挡曝光量，以抵消光经过水面折射而产生的损失。

用云彩衬托太阳使画面更辉煌

在拍摄日出、日落时，云彩有时是最主要的表现对象，无论是日在云中还是云在日旁，在太阳的照射下，云彩都会表现出异乎寻常的美丽，从云彩中间或旁边透射出的光线更应该是重点表现的对象。因此，拍摄日出、日落的最佳季节是春、秋两季，此时云彩较多，可增加画面的艺术感染力。

▲ 拍摄海边日落时，可以将海鸟纳入画面作为点缀，使画面不显得单调，给人生机勃勃的感觉『焦距：105mm ┊光圈：F8 ┊快门速度：1/160s ┊感光度：ISO100』

针对太阳周边的云彩进行测光，拍摄出具有放射状的光芒效果，画面更有视觉冲击力『焦距：17mm ┊光圈：F14 ┊快门速度：1/2s ┊感光度：ISO100』

拍摄冰雪的技巧

运用曝光补偿准确还原白雪

由于雪的亮度很高，如果按照相机给出的测光值曝光，会造成曝光不足，使拍摄出的雪呈灰色，所以拍摄雪景时一般都要使用曝光补偿功能对曝光进行修正，通常需增加 1~2 挡曝光补偿。并不是所有的雪景都需要进行曝光补偿，如果所拍摄的场景中白雪的面积较小，则无需进行曝光补偿。

◀ 在拍摄雪景时增加 1 挡曝光补偿，可使画面的色彩和层次都有较好的表现『焦距：24mm ┆光圈：F9 ┆快门速度：1/100s ┆感光度：ISO100』

用白平衡塑造雪景的个性色调

在拍摄雪景时，摄影师可以结合实际环境的光源色温进行拍摄，以得到洁净的纯白影调、清冷的蓝色影调或铺上金黄的冷暖对比影调，也可以结合相机的白平衡设置来获得独具创意的画面影调效果，以服务于画面的主题。

 高手点拨：如果使用预设白平衡无法得到令人满意的画面色调，可以尝试通过手调色温来调整画面的色调，所设置的色温值越小，则所拍摄出来的画面冷调效果越明显。

◀ 设置荧光灯白平衡模式营造的蓝色画面透着一股幽幽的寒气，很好地将冬季寒冷的感觉表现出来『焦距：35mm ┆光圈：F11 ┆快门速度：1/60s ┆感光度：ISO100』

雪地、雪山、树挂都是极佳的拍摄对象

雪地、雪山、树挂都是雪后极佳的拍摄对象。拍摄开阔、空旷的雪地时，为了让画面更具有层次和质感，可以采用低角度逆光拍摄，远处低斜的太阳不仅为开阔的雪地铺上浓郁的色彩，同时还能将其细腻的质感也凸显出来。

雪与雾一样，如果没有对比、衬托，表现效果则不会太理想，因此在拍摄雪山、树挂等景物时，可以通过构图使山体上裸露出来的暗调山岩、树枝与白雪形成强烈的对比。

如果没有合适的拍摄条件，可以将注意力放在类似花草这样随处可见的微小景观上，拍摄冰雪中绽放的美丽。

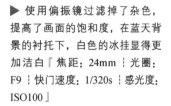
▲ 雪后天晴的时候最适合拍摄雪景，在拍摄时，注意在画面中纳入与白色对比的色彩，使画面不显得单一『焦距：48mm┆光圈：F9┆快门速度：1/320s┆感光度：ISO200』

▶ 使用偏振镜过滤掉了杂色，提高了画面的饱和度，在蓝天背景的衬托下，白色的冰挂显得更加洁白『焦距：24mm┆光圈：F9┆快门速度：1/320s┆感光度：ISO100』

12
Chapter
Canon EOS 5D Mark Ⅳ
动物摄影技巧

选择合适的角度和方向拍摄昆虫

拍摄昆虫时应注意拍摄高度的选择，在多数情况下，以平视角度拍摄能取得更好的效果，因为这样拍摄到的画面看起来十分亲切。

拍摄昆虫时还应注意拍摄方向的选择。根据昆虫身体结构的特点，大多数情况下会选择侧面拍摄，这样能在画面中看到更多的昆虫形体结构和色彩等特征。

不过也可以打破传统，以正面的角度拍摄，这样拍摄到的昆虫往往看起来非常可爱，很容易令人产生联想，使画面充满一种幽默的意境。

▶ 从这4张蜻蜓微距作品中可以看出，最下方那幅采用从其头部上方以45°俯视拍摄的效果最佳，可以将其头部构造及身体都很好地呈现出来，在视觉上最具震撼力

焦距：100mm ┊ 光圈：F6.4 ┊ 快门速度：1/60s ┊ 感光度：ISO500

将拍摄重点放在昆虫的眼睛上

昆虫的眼睛有两种，一种是复眼，每只复眼都是由成千上万只六边形的小眼紧密排列组合而成的；另一种是单眼，单眼结构极其简单，只不过是一个突出的水晶体。从摄影的角度来看，在拍摄昆虫时无论是具有复眼的蚂蚁、蜻蜓、蜜蜂，还是具有单眼结构的蜘蛛，都应该将拍摄的重点放在昆虫的眼睛上。这样不但能够使画面中的昆虫显得更生动，而且还能够让人领略到微距世界中昆虫眼睛的结构之美。

▶ 使用点测光对黄蜂的眼睛进行测光，得到具有强烈感染力的画面『焦距：180mm┊光圈：F11┊快门速度：1/80s┊感光度：ISO200』

▶ 从正面拍摄蜘蛛，着重突出蜘蛛的眼睛，在微距镜头下，展示了日常生活中不会注意到的细节之美『焦距：100mm┊光圈：F8┊快门速度：1/250s┊感光度：ISO100』

选择合适的光线拍摄昆虫

拍摄昆虫的光线通常以顺光和侧光为佳，顺光拍摄能较好地表现昆虫的色泽，使照片看起来十分鲜艳动人；而侧光拍摄的昆虫富有明暗层次，有着非常不错的视觉效果。

逆光或侧逆光在昆虫摄影中使用也较为频繁，如果运用得好，也可以拍摄出非常精彩的照片，尤其是在拍摄半透明体的昆虫如蝴蝶、蜻蜓、螳螂等时，逆光拍摄的效果非常别致。

采用逆光拍摄蝴蝶，在深色背景的衬托下，将其半透明状的翅膀表现得很别致『焦距：100mm ┊光圈：F7.1 ┊快门速度：1/250s ┊感光度：ISO400』

使用长焦镜头"打鸟"

因为鸟类易受人的惊扰，所以通常要使用 200mm 以上焦距的镜头才能使被摄鸟儿在画面中占有较大的面积。

使用长焦镜头拍摄的另一个好处是，在一些不易靠近的地方也可以轻松拍摄到鸟儿，如在大海或湖泊上。

▲ 拍摄鸟儿时使用了长焦镜头，这样可以在较远的距离对其进行抓拍，虚化的背景使鸟儿的形象更加突出『焦距：400mm ┊光圈：F5.6 ┊快门速度：1/400s ┊感光度：ISO500』

捕捉鸟儿最动人的瞬间

一个漂亮的画面，只能够令人赞叹，而一个有意义、有情感的画面则令人难忘，这正是摄影的力量。

与人类一样，鸟类同样拥有丰富的情感世界，也有喜悦哀愁，情感不同会表现出不同的动作。以艺术写意的手法来表现鸟类在自然生态环境中感人至深的情感，就能够为照片带来感情色彩，从而打动观众。

因此，在拍摄鸟类时，可以注意捕捉鸟类之间喂哺、争吵、呵护的画面，这样拍出的照片就具有了超越同类作品的内涵，使人感觉到画面中的鸟儿是鲜活的，与人类一样有情、有爱、有生、有死，从而引起观众的情感共鸣。

▲ 两只鹅正依偎在一起，画面温馨且动人，由于运动的幅度不大，使用单次自动对焦模式就可满足需求『焦距：200mm ┊光圈：F5.6 ┊快门速度：1/1250s ┊感光度：ISO200』

选择合适的背景拍摄鸟儿

对于拍摄鸟类来说，最合适的背景莫过于天空和水面。一方面可以获得比较干净的背景，突出被摄体的主体地位；另一方面，天空和水面在表达鸟类生存环境方面比较有代表性，例如，在拍摄鹤、野鸭等水禽时，以水面为背景可以很好地交代其生存的环境。

▲ 以蓝天作为背景拍摄的飞鹰，简单、明了的背景很好地衬托出了飞鹰的身姿『焦距：40mm ┊ 光圈：F8 ┊ 快门速度：1/800s ┊ 感光度：ISO320』

▼ 正在"奔跑"的鸟儿在水面上带起了水花，与寂静的湖面形成了动静对比，同时以水面为背景，使得画面显得非常简洁，主体很突出『焦距：600mm ┊ 光圈：F6.3 ┊ 快门速度：1/2000s ┊ 感光度：ISO800』

选择最合适的光线拍摄鸟儿和游禽

在拍摄鸟类时,如果其身体上的羽毛较多且均匀,颜色也很丰富,不妨采用顺光进行拍摄,以充分表现其华美的羽翼。

如果光线不够充分,不妨采用逆光的方式进行拍摄,以将其半透明的羽毛拍摄成为环绕身体的明亮的外轮廓线。

如果逆光较强,可以针对天空较明亮处测光,并在拍摄时做负向曝光补偿,从而将鸟儿表现为深黑的剪影效果。

▲ 逆光下使用长焦拍摄,波光粼粼的水面上一只美丽的天鹅羽毛呈半透明状,画面极具美感,不失为一幅好的作品『焦距:200mm ┊ 光圈:F8 ┊ 快门速度:1/250s ┊ 感光度:ISO200』

▲ 使用侧光拍摄鸟儿,立体感及层次感十分突出『焦距:400mm ┊ 光圈:F5.6 ┊ 快门速度:1/400s ┊ 感光度:ISO500』

▼ 采用顺光拍摄,可以很好地表现鸟儿羽毛的质感与颜色『焦距:500mm ┊ 光圈:F6.3 ┊ 快门速度:1/320s ┊ 感光度:ISO400』

选择合适的景别拍摄鸟儿

要以写实的手法表现鸟类，可以采取拍摄整体的手法，也可以采取拍摄局部特写的手法。表现整体的优点在于，能够使照片更具故事性，纪实、叙事的意味很浓，能够让观众欣赏到完整优美的鸟类形体。

如果要拍摄鸟类的局部特写，可以将着眼点放在如天鹅的曲颈、孔雀的尾翼、飞鹰的硬喙、猫头鹰的眼睛这样极具特征的局部上，以这样的景别拍出的照片能给人留下深刻的印象。如果用特写表现鸟类的头部，拍摄时应对焦在鸟儿的眼睛上。

▲ 利用全景拍摄鸟儿的整体，突出其飞翔时的动势『焦距：600mm ┆光圈：F7.1 ┆快门速度：1/1250s ┆感光度：ISO640』

▼ 要用特写的景别拍摄别具特色的鸟儿头部，纤毫毕现的头部给人极强的视觉冲击力『焦距：300mm ┆光圈：F5 ┆快门速度：1/400s ┆感光度：ISO200』

Chapter **13**

Canon EOS 5D Mark IV
花卉摄影技巧

用水滴衬托花朵的娇艳

在早晨的花园、森林中能够发现无数出现在花瓣、叶尖、叶面、枝条上的露珠，在阳光下显得晶莹闪烁、玲珑可爱。拍摄带有露珠的花朵，能够表现出花朵的娇艳与清新的自然感。

要拍摄有露珠的花朵，最好用微距镜头以特写的景别进行拍摄，使分布在叶面、叶尖、花瓣上的露珠不但给人一种雨露滋润的感觉，还能够在画面中形成奇妙的光影效果。景深范围内的露珠清晰明亮、晶莹剔透；而景深外的露珠却形成一些圆形或六角形的光斑，装饰美化着背景，给画面平添了几分情趣。

如果没有拍摄露珠的条件，也可以用小喷壶对着花朵喷几下，从而使花朵上沾满水珠。

◀ 采用人工喷水的方法使花瓣布上了一层均匀的小水滴，让鲜花显得更加娇艳，拍摄时为了使水滴看上去更透亮，增加了1/3挡曝光补偿『焦距：100mm ┊ 光圈：F8 ┊ 快门速度：1/160s ┊ 感光度：ISO100』

仰拍获得高大形象的花卉

如果要拍摄的花朵周围环境比较杂乱，采用平视或俯视的角度很难拍摄出漂亮的画面，则可以考虑采用仰视的角度进行拍摄，此时由于画面的背景为天空，因此很容易获得背景纯净、主体突出的画面。

如果花朵生长的位置较高，比如生长在高高树枝上的梅花、桃花，那么拍摄起来就比较容易。

如果花朵生长在田野、丛林之中，如野菊花、郁金香等，则要有弄脏衣服和手的心理准备，为了获得最佳拍摄角度，可能要趴在地上将相机放得很低。

而如果花朵生长在池塘、湖面之上，如荷花、莲花，则可能无法按这样的方法拍摄，需要另觅他途。

▲ 低角度仰拍花卉，可将其拍得很高大，由于区别于平常所见，因此画面具有强烈的视觉冲击力『焦距：35mm┊光圈：F5┊快门速度：1/500s┊感光度：ISO100』

俯拍展现星罗棋布的花卉

采用这种角度拍摄时，最好用散点式构图形式。散点式构图的主要特点是"形散而神不散"，因此，采用这种构图手法拍摄时，要注意花丛的面积不要太大，分布在花丛中的花朵在颜色、明暗等方面应与环境形成鲜明对比，否则没有星罗棋布的感觉，要突出的花朵也无法在花丛中凸显出来。

▲ 以俯视的角度拍摄花卉，可以很好地将花朵的整体形状特征表现出来『焦距：50mm┊光圈：F3.5┊快门速度：1/100s┊感光度：ISO100』

拍出有意境和神韵的花卉

　　意境是中国古典美学中一个特有的范畴，反映在花卉摄影中，指摄影师观赏花卉时的思想情感与客观景象交融而产生的一种境界。其形成与摄影师的主观意识、文化修养及情感境遇密切相关，花卉的外形、质感乃至影调、色彩等视觉因素都可能触发摄影师的联想，因而意境的流露常常伴随着摄影师丰富的情感，在表达上多采用移情于物或借物抒情的手法。

　　我国古典诗词中有很多脍炙人口的咏花诗句，如"墙角数枝梅，凌寒独自开""短短桃花临水岸，轻轻柳絮点人衣""冲天香阵透长安，满城尽带黄金甲"，将类似的诗句熟记于心，从而在看到相应的场景时便会引发联想，以物抒情，使作品具有诗境。

▶ 荷花那婀娜的红色在绿色荷叶的衬托下显得那么的娇美，宛若一位亭亭玉立的美少女『焦距：200mm ┊ 光圈：F5 ┊ 快门速度：1/200s ┊ 感光度：ISO100』

逆光拍出有透明感的花瓣

　　运用逆光拍摄花卉时，可以清晰地勾勒出花朵的轮廓线。如果所拍摄的花瓣较薄，则光线能够透过花瓣，使其呈现出透明或半透明效果，从而更细腻地表现出花的质感、层次和花瓣的纹理。

　　拍摄时要用闪光灯、反光板进行适当的补光，以点测光模式对透明的花瓣测光，以花的亮度为基准进行曝光。

▶ 采用逆光拍摄，透明的花卉给人很梦幻的感觉『焦距：35mm ┊ 光圈：F4 ┊ 快门速度：1/800s ┊ 感光度：ISO100 』

选择最能够衬托花卉的背景颜色

花卉摄影中背景色作为画面的重要组成部分，能够起到烘托和映衬主体、丰富作品内涵的积极作用。由于不同的颜色，给人不一样的感觉，对比强烈的色彩会使主体在背景的衬托下显得更加突出，而和谐的色彩搭配则让人有惬意祥和之感。

在这方面通常可以采取深色、浅色、蓝天色三种方法来处理背景。使用深色或浅色背景拍摄花卉的视觉效果极佳，画面中蕴含着一种特殊的氛围。其中又以最深的黑色与最浅的白色背景最为常见，黑色背景的花卉照片显得神秘，主体非常突出；白色背景的画面显得简洁，给人一种很纯洁的视觉感受。

拍摄背景全黑花卉照片的方法有两种：一是在花朵后面安排一张黑色的背景布；二是如果被摄花朵正好处于受光较好的状态，而背景处在阴影状态，此时使用点测光对花朵亮部进行测光，也能拍出背景几乎全黑的照片。

如果拍摄花卉的背景过于杂乱，或者要拍摄的花卉面积较大，无法通过放置深色或浅色布或板子的方法获得纯净的背景，则可以考虑采用仰视角度以蓝天为背景进行拍摄，以使画面中的花卉在蓝天的衬托下显得干净、清晰。

▲ 将相机放在一个很低的位置，采用实时显示拍摄的手法仰视拍摄荷花，使干净的蓝天成为画面的背景，更突出了荷花的娇艳，给人一种清新自然的感觉『焦距：10mm┆光圈：F6.3┆快门速度：1/800s┆感光度：ISO200』

▼ 选择黑色的背景布可将素雅的花朵凸显出来『焦距：100mm┆光圈：F4┆快门速度：1/160s┆感光度：ISO100』

加入昆虫让花朵更富有生机

拍摄昆虫出镜照片时一定要清楚主体是花朵，最好不要使昆虫在画面中占据太显眼的位置。

 高手点拨：如果使用了三脚架与微距镜头，在拍摄时可以尝试使用陷阱对焦的手法，即预先将焦点锁定在花朵的花蕊部分，待昆虫进入合适的拍摄位置后，使用快门线或遥控器进行拍摄，以获得构图完美、主体清晰、细腻的画面效果。

▲ 小瓢虫身上的红色、黑色和花朵的橙色使画面的色彩很丰富『焦距：135mm ¦ 光圈：F8 ¦ 快门速度：1/200s ¦ 感光度：ISO200』

▼ 温暖的红色花朵上辛勤的蜜蜂正在忙碌，大光圈的使用将背景虚化得非常漂亮，衬托出鲜花的美丽『焦距：150mm ¦ 光圈：F5 ¦ 快门速度：1/160s ¦ 感光度：ISO100』

Chapter 14

Canon EOS 5D Mark Ⅳ
建筑摄影技巧

合理安排线条使画面有强烈的透视感

拍摄建筑题材作品时，如果要保证画面有真实的透视效果与较大的纵深空间，可以根据需要寻找合适的拍摄角度和位置，并充分利用透视规律。

在建筑物中选取平行的轮廓线条，如桥索、扶手、路基，使其在远方交汇于一点，从而营造出强烈的透视感，这样的拍摄手法在拍摄隧道、长廊、桥梁、道路等题材时最为常用。

如果所拍摄的建筑物体量不够宏伟、纵深不够大，可以利用广角镜头夸张强调建筑物线条的变化，或在构图时选取排列整齐、变化均匀的对象，如一排窗户、一列廊柱、一排地面的瓷砖等。

▶ 采用广角镜头以近乎垂直的角度仰视拍摄，使罗马柱的线条形成强烈的透视效果，画面的有趣之处在于，左侧现代的玻璃建筑与右侧古典气息的建筑似乎在对话，画面体现了现代文明对古典文明的融合『焦距：18mm ┊光圈：F7.1 ┊快门速度：1/80s ┊感光度：ISO400 』

用侧光增强建筑的立体感

利用侧光拍摄建筑时，建筑外立面的屋脊、挑檐、外飘窗、阳台均能够形成强烈的明暗对比，因此能够很好地突出建筑的立体感。

此时最好以斜向 45° 进行拍摄，从正面或背面拍摄时，由于只能够展示一个面，因此不会获得理想的立体效果。

▶ 温暖的阳光从侧面照向建筑，为其染上了一层金色，并使建筑显得更有立体感『焦距：85mm ┊光圈：F10 ┊快门速度：1/250s ┊感光度：ISO320 』

逆光拍摄勾勒建筑优美的轮廓

逆光对于表现轮廓分明、结构有形式美感的建筑非常有效，如果要拍摄的建筑环境比较杂乱且无法避让，摄影师就可以将拍摄的时间安排在傍晚，用天空的余光将建筑拍成剪影。

此时，太阳即将落下、夜幕将至、华灯初上，拍摄出来的剪影建筑画面中不仅有大片的深色调，还有星星点点的色彩与灯光，使画面明暗平衡、虚实相衬，而且略带神秘感，能够引发观众的联想。

在具体拍摄时，只需要针对天空中的亮处进行测光，建筑物就会由于曝光不足而呈现为黑色的剪影效果。如果按此方法得到的是半剪影效果，可以通过降低曝光补偿使暗处更暗，从而使建筑物的轮廓外形更明显。

▲ 夕阳西下，以暖色的天空为背景，采用逆光拍摄，使被摄建筑呈现为美妙的剪影效果『焦距：50mm ┊光圈：F8 ┊快门速度：1/125s ┊感光度：ISO100』

用长焦展现建筑独特的外部细节

如果觉得建筑物的局部细节非常完美，则不妨使用长焦镜头，专门对局部进行特写拍摄，这样可以使建筑的局部细节得到放大，从而给观众留下更加深刻的印象。

▶ 利用长焦镜头以仰视的角度拍摄带有异域风情的建筑局部，其精美的雕刻让观者感受到了建筑整体的辉煌与气派『焦距：180mm ┊光圈：F5.6 ┊快门速度：1/400s ┊感光度：ISO100』

用高感光度拍摄建筑精致的内景

在拍摄建筑时，除了拍摄宏大的整体造型及外部细节之外，也可以进入建筑物内部拍摄内景，如歌剧院、寺庙、教堂等建筑物内部都有许多值得拍摄的细节。

由于室内的光线较暗，在拍摄时应注意快门速度的选择，如果快门速度低于安全快门，应适当开大几挡光圈。由于 Canon EOS 5D Mark IV 相机的高感光度性能很优秀，因此最简单有效的方法是使用 ISO1600 甚至 ISO3200 这样的高感光度进行拍摄，从而以较小的光圈、较高的快门速度表现建筑内部的细节。

◀ 拍摄较暗的建筑内景时，可使用大光圈增加镜头的进光量，并适当提高感光度以提高快门速度『焦距：17mm ¦ 光圈：F5 ¦ 快门速度：1/60s ¦ 感光度：ISO1000』

通过对比突出建筑的体量感

在没有对比的情况下，很难通过画面直观判断出某个建筑的体量。

因此，如果在拍摄建筑时希望体现出建筑宏大的气势，就应该通过在画面中加入容易判断大小体量的画面元素，从而通过大小对比来表现建筑的气势，最常见的元素就是建筑周边的行人或者大家比较熟知的其他小型建筑。

总而言之，就是用大家知道的景物来对比判断建筑物的体量。

▲ 以画面下方的游人作为对比，更突出了建筑的高大『焦距：35mm ┆光圈：F16 ┆快门速度：15s ┆感光度：ISO100』

拍摄带有蓝调天空的城市夜景

要表现城市夜景，当天空完全黑下来才去拍摄，并不一定是个好的选择，虽然那时城市里的灯光更加璀璨。

实际上，当太阳刚刚落山，夜幕正在降临，路灯也刚刚开始点亮时，是拍摄夜景的最佳时机。此时天空看起来更加丰富多彩，通常呈现为蓝紫色调，而且在这段时间拍摄夜景，天空的余光能勾勒出天际边被摄体的轮廓。

如果希望拍摄出深蓝色调的夜空，应该选择一个雨过天晴的夜晚，由于大气中的粉尘与灰尘等物质经过雨水的附带而降落到地面，使得天空的能见度提高而变为纯净的深蓝色。

此时，带上拍摄装备去拍摄天完全黑透之前的夜景，会获得十分理想的画面效果，画面将呈现出醉人的蓝色调，仿佛走进了童话故事里的世界。

▲ 在日落后的傍晚拍摄大桥夜景，由于色温较高，因此天空的色调偏冷，为了增强画面的蓝调氛围，使用了色温较低的"荧光灯"白平衡模式『焦距：16mm ┆光圈：F16 ┆快门速度：6s ┆感光度：ISO100』

长时间曝光拍摄城市动感车流

使用慢速快门拍摄车流经过留下的长长的光轨，是绝大多数摄影爱好者喜爱的城市夜景题材。但要拍出漂亮的车灯轨迹，对拍摄技术有较高的要求。

很多摄友拍摄城市夜晚车灯轨迹时常犯的错误是选择在天色全黑时拍摄，实际上应该选择天色未完全黑时进行拍摄，这时的天空有宝石蓝般的色彩，拍出照片中的天空才会漂亮。

如果要让照片中的车灯轨迹呈迷人的 S 形线条，拍摄地点的选择很重要，应该寻找能够看到弯道的地点进行拍摄，如果在过街天桥上拍摄，那么出现在画面中的灯轨线条必然是有汇聚效果的直线条，而不是 S 形线条。

拍摄车灯轨迹一般选择快门优先曝光模式，并根据需要将快门速度设置为 30s 以内的数值（如果要使用超出 30s 的快门速度进行拍摄，则需要使用 B 门）。在不会过曝的前提下，曝光时间的长短与最终画面中车灯轨迹的长度成正比。

使用这一拍摄技巧，还可以拍摄城市中其他有灯光装饰的对象，如摩天轮、音乐喷泉等，使运动对象在画面中形成光轨。

▼ 三脚架配合低速快门的使用，使拍出的城市夜晚车灯轨迹更加璀璨，画面不仅充满了动感，而且还呈现出了十分迷人的效果『焦距：17mm ┊ 光圈：F16 ┊ 快门速度：25s ┊ 感光度：ISO100 』

拍摄美丽的银河

　　银河是天文爱好者们喜欢的摄影主题，在高原、高山、草原等空气通透的户外旅行时，可以很容易地拍摄到漂亮的银河。

　　在北半球拍摄银河的最好季节就是6~8月份，在拍银河之前，可以使用手机应用程序Starwalk或Photopills来计算银河何时出现、何时隐退、何时拍起来最美，还可以用这些程序检查月相，确保天空不会暗淡无光。一般情况下，新月前后是拍摄银河的最佳时机。

　　拍摄银河时，银河和星星会同时跟随地球自转运动，所以，最佳曝光时间需控制在30~60秒，如果曝光时间过长，星星会变成小星轨，银河也就虚了。由于拍摄银河不能像拍星轨一样可以使用B门累计曝光量，因此，只能通过提高ISO和调大光圈值来保证曝光。

　　拍摄银河有一个标准的、广泛使用的曝光组合，即快门速度30s、光圈F2.8、ISO3200，原因就在于此曝光组合能够让最多的光线进入。因此，为了保证画面的最佳质量，高感光度较好的全画幅相机及拥有大光圈的广角镜头是最佳选择。同时，坚固的三脚架及快门线也是必需品。

　　夜晚的天空光线很暗，因此，需要拧动对焦环至无限远对焦位置以确保画面的锐度。为了避免周围的光对画面的影响，在拍摄时可以装上遮光罩遮盖取景器。

▼ 在空气通透的高山雪原很容易拍摄到漂亮的银河画面，拍摄时，选择了雪山作为前景，以增加银河画面的层次，使画面不显单调『焦距：100mm ┊光圈：F2.8 ┊快门速度：30s ┊感光度：ISO2500 』

星轨的拍摄技巧

拍摄前需注意"天时"与"地利"

星轨是一个比较有技术难度的拍摄题材，总体来说，要拍摄出漂亮的星轨要有"天时"与"地利"。

"天时"是指时间与气象条件，拍摄的时间最好在夜晚，此时明月高挂，星光璀璨，适宜拍摄出漂亮的星轨，天空中应该没有云层，以避免星星被遮盖住。

"地利"是指合适的拍摄地点，由于城市中的光线较强，空气中的颗粒较多，因此，对拍摄星轨有较大的影响。所以，要拍出漂亮的星轨，最好选择郊外或乡村。构图时要注意利用地面的山、树、湖面、帐篷、人物、云海等对象，丰富画面内容，因此，选择拍摄地点时要注意。

同时要注意，如果在画面中纳入了比星星还要亮的对象，如月亮、地面的灯光等，长时间曝光之后，容易使这一部分严重曝光过度，影响画面整体的艺术效果，所以，要注意回避此类对象。

设置 B 门长时间曝光

拍摄时要用B门，以自由地控制曝光时间，使用带有B门快门释放锁的快门线可以让拍摄变得更加轻松。如果对焦困难，应该用手动对焦的方式。

必须指出的是，如果曝光时间较长，照片中肯定会出现大量噪点，虽然在后期处理时可以利用软件对噪点进行消除，但最终得到的照片画质也仍然不可能令人满意。因此，目前较流行的是采取短时间曝光连续拍摄，然后在后期进行合成的方法。

选择不同的拍摄方向

在拍摄星轨时，选择不同的拍摄方向会得到不同的画面效果。如果是将镜头中心对准北极星长时间曝光，拍出的星轨会成为同心圆，在这个方向上曝光1小时，画面上的星轨弧度为15度，如果曝光2小时，画面上的星轨弧度为30度。而朝东或朝西拍摄，则会拍出斜线或倾斜圆弧状的星轨画面。

选择适合的镜头

"工欲善其事，必先利其器"，在拍摄星轨时，器材的选择也很重要，质量可靠的三脚架自不必说，镜头的选择也是重中之重，应该以广角镜头和标准镜头为佳，通常选择35~50mm焦距的镜头。如果焦距太短，虽然能够拍摄更大的场景，但星轨在画面中会比较细；如果焦距过长，视野又会显得过窄，不利于表现星轨。

▶ 通过较长时间的曝光，星星的运动轨迹变成了长长的线条，将人们看不到的景象记录下来，因而更具震撼人心的力量『焦距：17mm┊光圈：F14┊快门速度：3619s┊感光度：ISO200』